Technische Produktdokumentation

Torsten Groß

Technische Produktdokumentation

Detaillierungsfunktionen mit Siemens NX

Torsten Groß
FB Maschinenbau und Energietechnik
Technische Hochschule Mittelhessen
Gießen, Deutschland

ISBN 978-3-658-28266-0   ISBN 978-3-658-28267-7   (eBook)
https://doi.org/10.1007/978-3-658-28267-7

Die Deutsche Nationalbibliothek verzeichnet diese Publikation in der Deutschen National-
bibliografie; detaillierte bibliografische Daten sind im Internet über http://dnb.d-nb.de abrufbar.

Lektorat: Thomas Zipsner

Springer Vieweg ist ein Imprint der eingetragenen Gesellschaft Springer Fachmedien Wiesbaden
GmbH und ist ein Teil von Springer Nature.
Die Anschrift der Gesellschaft ist: Abraham-Lincoln-Str. 46, 65189 Wiesbaden, Germany

Vorwort

Industrie 4.0 bezieht sich auf die durchgängige Digitalisierung der Daten, beginnend in der Entwicklung bis hin zur Fertigung und Montage. Dazu ist die zeichnungslose, digitale Detaillierung die Grundvoraussetzung um Maß-, Form und Lagetoleranzen am 3D-CAD-Modell zu integrieren.

Das vorliegende Buch stellt die Befehle der Anwendung Product Manufacturing Information (PMI) des Autorensystem Siemens NX am Beispiel verschiedener Bauteilklassen dar. Zusammen mit der Visualisierung der Komponenten durch das Datenformat JT (Jupiter Tessalation) können Prozesse in der Konstruktion und Entwicklung durchgängiger, ohne Einsatz von Papier, gestaltet werden.

Das Buch will mit praxisnahen Beispielen Studierenden an Hochschulen sowie Fach- und Führungskräften die Möglichkeiten der zeichnungslosen Detaillierung für verschiedene Bauteil- und Baugruppenarten vorstellen. Der Leser kann diesen Band sowohl zum Selbststudium als auch zum Nachschlagen wichtiger Befehle nutzen. Auch wenn nicht alle Menüpunkte detailliert behandelt werden können, bietet das Buch einen fundierten Einstieg in das Programm und Anregungen zur Weiterarbeit.

Die Grundlagen der digitalen Produktplanung werden ebenso behandelt wie die einzelnen Schritte zur zeichnungslosen Detaillierung der Bauteile im System Siemens NX. Abschließend wird der Nutzen der digitalen Produktdaten durch die Visualisierung mit den Grundfunktionen des 3-D-Freeware-Viewer JT2Go aufgezeigt.

Dem Team des Lektorats Maschinenbau des Springer Vieweg Verlags, insbesondere Herrn Thomas Zipsner, danke ich für die konstruktive und angenehme Begleitung des Projekts sowie die gute Zusammenarbeit.

Gießen im September 2019   Dr. Torsten Groß

Inhalt

Bildverzeichnis

1 Einleitung

1.1 Motivation

Industrie 4.0, Internet of Things, Digitalisierung - mit diesen und anderen Begriffen sind derzeit viele Unternehmen gerade in den Bereichen der Produktentwicklung und Produktbetreuung konfrontiert, Antworten darauf zu finden, ob und welche Kernprozesse zur Digitalisierung tauglich sind oder es zukünftig werden.

In den Konstruktions- und Entwicklungseinheiten sind digitale Produktdaten in Form von CAD-Modellen, Stücklisten oder auch Montage- und Arbeitspläne auf meist unterschiedlichen Datenbanksystemen vorhanden. Vielfach entstehen hier informationstechnische Medienbrüche durch mehrfache oder nicht durchgängige Datenflüsse, die den Bedarf nach angepassten, neuen Lösungen für eine *durchgängige* virtuelle Produktentwicklung erfordern. Dies betrifft die Daten und die daraus resultierenden Produkt- oder Produktdatenmodelle, die als interdisziplinärer Informationsträger das Bindeglied zwischen den einzelnen Produktentstehungsbereichen, beispielsweise Konstruktion und Berechnung (Simulation), bilden. Die daraus resultierende digitale Anforderungsvarianz ist in Bild 1.1 dargestellt.

© Springer Fachmedien Wiesbaden GmbH, ein Teil von Springer Nature 2020
T. Groß, *Technische Produktdokumentation*,
https://doi.org/10.1007/978-3-658-28267-7_1

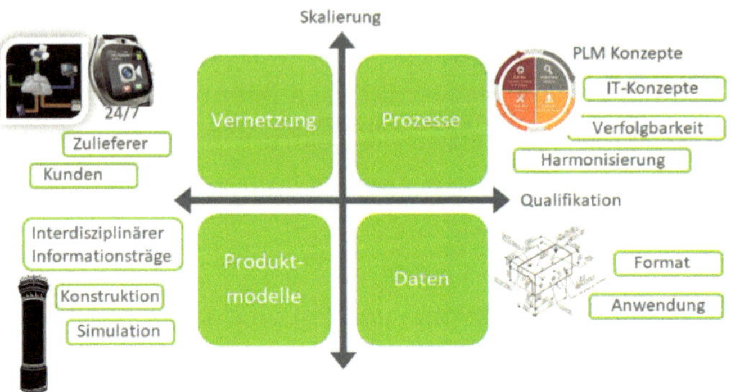

Bild 1.1: Digitale Anforderungsvarianz in der Entwicklung und Konstruktion

Die vorhandenen Grunddaten sind als Datenformate ebenfalls zunehmend in vernetzten Prozessen verfügbar. Für die Herstellung von Einzelteilen oder für die Montage der Einzelteile zu Baugruppen ist es notwendig, fertigungstechnische Information dem Bauteil oder der Montagegruppe zuzuweisen, abhängig vom jeweiligen Einsatzszenario, beispielsweise bei Wartungs- und Instandhaltungsaufgaben.

Zusammen mit einem PLM-Konzept können auch die zugehörigen Prozesse in der Konstruktion und Entwicklung durchgängiger durch eine entsprechende Skalierung gestaltet werden.

Skalierbare digitale Datenmodelle in CAD/CAE-Systemen können daher als Grundbaustein eines anwendungsspezifischen, *digitalen Zwillings* angesehen werden.

Die Unterstützung in der Nutzung neuer Technologien begründet sich auf der Zielstellung einer *durchgängigen Digitalisierung* der Daten, beginnend in der Entwicklung bis hin zur Fertigung und Montage in Form einer spezifischen *Datenqualifikation*, besonders in den CAD-Autorensystemen. In Verbindung mit einer angepassten Prozessskalierung sind diese *prozessqualifizierten* Daten in harmonisierten, vernetzten Entwicklungsumgebungen Schlüsselfaktor zur ganzheitlichen Produktentwicklung.

1.2 Zielstellung und Aufbau des Buches

Die Zielsetzung des Buches ist es, eine Grundlage zur Erstellung digitaler Produktmodelle als Voraussetzung durchgängiger vernetzter Produktentstehungs- und Fertigungsprozessen zu schaffen, indem die Klassifizierung der notwendigen Prozesse sowie die Qualifizierung der digitalen Daten in der CAE-Umgebung Siemens NX und Teamcenter anhand von Beispielen vorgestellt wird.

Dazu werden in den Kapiteln 2 und 3 die Begriffe *Zeichnungslose Detaillierung* und *Zeichnungslose Fertigung* eingeführt, die eine Grundvoraussetzung für einen digitalen Konstruktionsprozess sind, um Maß-, Form- und Lagetoleranzen am 3D-Mastermodell zu integrieren. Im Rahmen der dargestellten Modellplanung erfolgt die produkt- und prozessrelevante Aufteilung der Daten. Das entstehende digitale Datenmodell im CAD/CAE-System NX dient als Grundbaustein eines anwendungsspezifischen, digitalen Zwillings der beispielsweise für Simulations- und Steuerungsanwendungen nutzbar ist.

Auf Basis einer einfachen Baugruppe werden die Komponenten in den daran anschließenden Kapiteln 4 und 5 durch die Grundbefehle der Product-Manufacturing-Information-

Anwendung innerhalb des Autorensystems Siemens NX Version 11 detailliert und die dazu notwendigen Menüfolgen mit den wichtigsten Untermenüs schrittweise erklärt.

Mit der Funktion „**P**roduct **M**anufacturing **I**nformation" (im Folgenden als „PMI" bezeichnet) werden alle technische Informationen wie Maße mit und ohne Toleranzen, Oberflächenabgaben, Form- und Lagetoleranzen, Texte, Schweißangaben etc. an das 3D-Volumenmodell angehängt. Die Bemaßung ist assoziativ und ändert sich bei Änderungen der Design- oder Feature-Parameter.

In Kapitel 6 wird eine Verwendung der digitalen Produktdokumentation aufgezeigt und Möglichkeiten der heutigen 3D-Viewing-Technologien dargestellt.

Dazu wird eine Anwendung der 3D-detaillierten Modelldaten im Rahmen einer Nutzung als Datenaustauschs- und Visualisierungsformats JT vorgestellt unter zur Hilfenahme eines Freeware-Viewers (JT2GO) und dessen Grundfunktionalitäten.

2   Digitale Produktmodelle

2.1 Skalierung digitaler Produktdaten

In der Literatur findet sich eine Vielzahl von Darstellungen zu digitalen Produktmodellen für die Entwicklung und Konstruktion mechatronischer Produkte. Vorwiegend wird dabei der Fokus auf die Durchgängigkeit der Daten für die Bereiche der Produktvalidierung, Simulation sowie der spanenden Fertigung durch die CAD-CAM-Kopplungen gelegt.

Die Konstruktions- und Entwicklungsabteilungen sind heute noch stark durch papierbasierte Prozessabläufe geprägt. Die fortschreitende Digitalisierung erfordert jedoch eine Anpassung der Produktmodelle, die zum einen skalierbar in ihrem Informationsgehalt auf den einzelnen Nutzer und seine Softwaresysteme zugeschnitten werden können, zum anderen alle notwendigen datentechnischen Qualitätsmerkmale zur vollständigen Nutzung enthalten. Dabei ist zwischen der Qualifikation von digitalen Daten und ihrer möglichen Skalierung für ganz bestimmte Prozesse und Anwendungen zu unterscheiden.

© Springer Fachmedien Wiesbaden GmbH, ein Teil von Springer Nature 2020
T. Groß, *Technische Produktdokumentation*,
https://doi.org/10.1007/978-3-658-28267-7_2

In Bild 2.1 sind mögliche Skalierung- und Qualifizierungsfunktionen von Produkt- und Bauteildaten in CAE-Anwendungen dargestellt. Diese sind Grundlagen einer plattformbasierten Darstellung eines digitalen Produktmodells für die Entwicklung und Konstruktion im Maschinen- und Gerätebau.

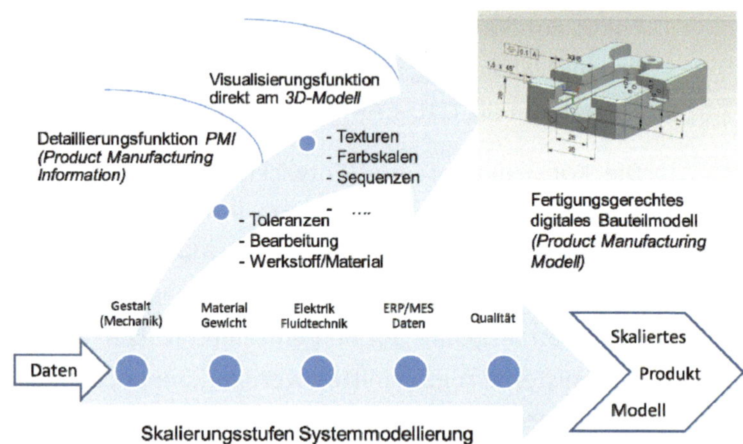

Bild 2.1: Skalierungs- und Qualifizierungsfunktionen in CAE-Systemen zur Generierung eines digitalen Zwillings

Das zeichnungslose Produktmodell erfordert in den Unternehmen eine eindeutige Definition, um im Rahmen von Prozessanpassungen zielgerichtet einsetzbar zu sein. Die folgende Übersicht in Bild 2.2 zeigt beispielhaft definierte Harmonisierungsziele eines solchen skalierten, digitalen Produktmodells mit dem ein möglicher Prozessablauf dargestellt ist.

Prozessschritt	Kerninhalte der Planung und Skalierung

Zeichnungslose Detaillierung

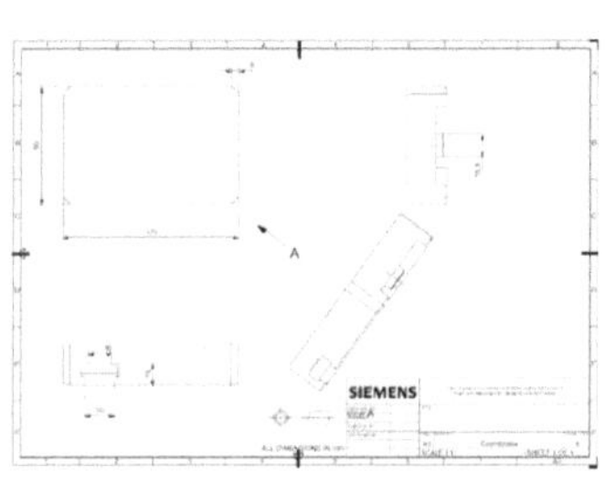

Ersetzt durch

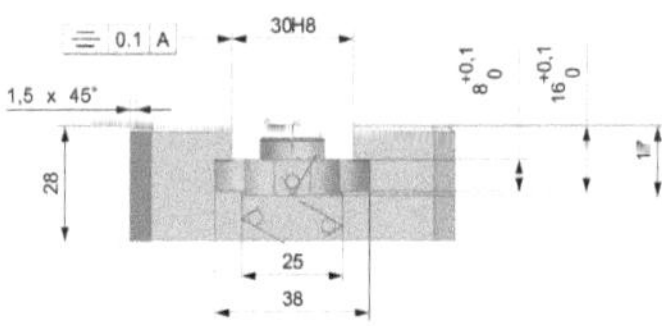

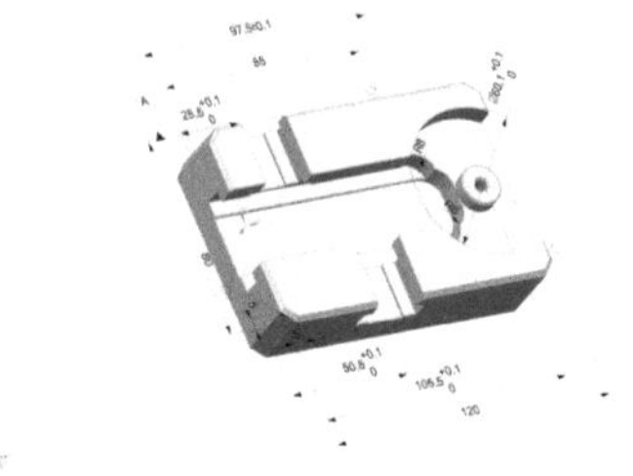

- Zeichnungslose Detaillierung ist notwendige, jedoch keine hinreichende Bedingung für die Einführung der zeichnungslosen/papierlosen Fertigung

- Konstruktions- und /Entwicklungsabteilungen ersetzen 2-D-Zeichnung durch vollständig detailliertes 3D-Volumenelement

- Konsumentenabhängige (Fertigung/Montage) Aufbereitung der 3D-Detaillierung durch PMI Detaillierung

- Zusammenstellung der notwendigen Fertigungsinformationen auf Basis eines eingeführten Product-Lifecycele Konzepts

Zeichnungslose Visualisierung für Fertigung und Montage

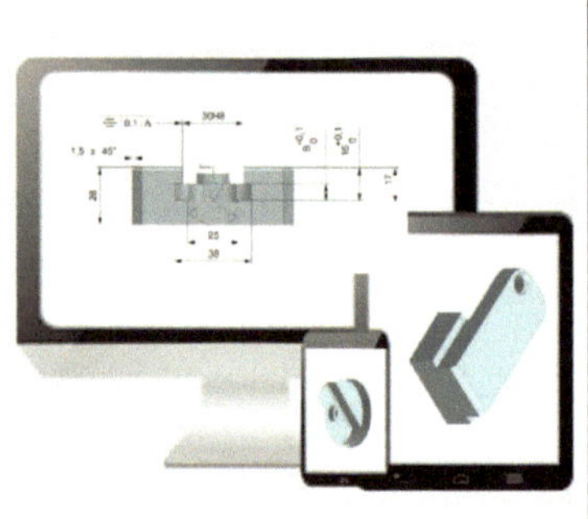

- Keine papierbasierte *2-dimensionale Ableitung* eines 3D-CAD-Volumenkörpers zur Fertigung und Montage von Einzelteilen und Baugruppen

- zeichnungslose Fertigung und Montage wird durch 3D-Viewing arbeitsplatzabhängig umgesetzt

Digitale Logistik in der Fertigung und Montage

- *Verzicht* und *Abschaffung* des physikalischen Drucks/ Plots der führenden Fertigungs- und Montageunterlagen entlang der gesamten Prozesskette, unabhängig von ihrer datentechnischen Speicherung im 2D/3D-CAD (Steuerung der Fertigungsunterlagen durch Barcode-System)

Bild 2.2: Prozessschritte zur ganzheitlichen Definition eines digitalen, zeichnungslosen Produktmodells

Das vorrangige Ziel ist die Definition einer digitalen CAE-Modellstruktur für Konstruktion und Entwicklung, die unternehmensweit denselben Stellenwert wie das reale Produkt erhält. Diese Modellstrukturen sind Ausgangsbasis für die Definition eines anwendungsspezifischen, digitalen Zwillings.

2.2 Datenqualifikation

Für die Herstellung von Einzelteilen oder für die Montage der Einzelteile ist es notwendig, technische Information dem Teil oder Montagebaugruppe zuzuweisen. In der klassischen Master-Modell-Struktur ist durch die vollständige Assoziativität zwischen dem 3D-Modell und dem abgeleiteten Zeichnungselement die Datenkonsistenz gegeben. Mit der separaten Ableitung des Zeichnungselements ist es jedoch schwierig, die Detaillierungsdaten in den Folgeprozessen ohne Konvertierungsschritte oder zusätzliche Softwarebausteine einzusetzen.

In der folgenden Auflistung sind einige Vorteile der zeichnungslosen Informationskette im Zusammenhang mit der Qualifizierung der Daten zusammengestellt.

Qualifizierung der digitalen Daten in der Entwicklung und Konstruktion durch die zeichnungslose Detaillierung kann für das interne Prozesshaus folgende Vorteile bieten:

- Qualitätserhöhung der technischen Dokumentation (3D-Modelle mit PMI)

- Konstruktions- und Änderungsprozesse basieren auf einer Datenquelle (Unique Data Set).

Änderungsdienste an digitalen Konstruktionsdatensätze werden vereinfacht, indem:

- der Änderungsaufwand durch 3D-Modelle mit PMI-Details reduziert wird

und

- Konstruktions- und Änderungsprozesse auf einer Datenquelle (Unique Data Set) basieren.

Die jeweiligen Downstreamprozesse in Unternehmen können dadurch auf eine gemeinsame *vollständige* 3D-Datenbasis in Konstruktion und Entwicklung bezogen werden, indem:

- Fertigungs- und Prüfungsprozesse nur auf 3-D Data Sets basieren,

- 3D-Master-Data Set die Quelle für Lightweight-Viewing Formate (JT-File, 3D-pdf) darstellen

und

- produkthaftungsrelevante Langzeitarchivierungen durch JT-ISO-Zertifizierung ermöglicht werden.

Die Zielsetzung der Datenqualifikation von Produktdaten bietet die Grundlage für den durchgängigen Digitalisierungsprozess in der gesamten Entwicklungs-, Konstruktions- und Fertigungsphase in der Industrie.

Durch die softwaretechnische Unterstützung mit den Systemen Siemens NX und JT2GO können folgende Aufgaben bearbeitet werden:

- Vorbereitung der mechanischen Konstruktion durch Aufbau und Detaillierung von 3D-Volumenelementen sowie

- Abbildung der Visualisierungskette und Datenstruktur durch das Lightweight-Datenformat JT (Jupiter Tessalation).

In den folgenden Abschnitten werden zunächst die Anwendungsgebiete der digitalen Qualifizierung von maschinenbaulichen Komponenten und Baugruppen dargestellt.

2.3 Grundlagen der zeichnungslosen Detailierung und Modellplanung

Die ISO-Norm 16792: 2015-12 Technische Produktdokumentation – Verfahren für digitale Produktdefinitionsdaten – stellt die Grundlage zur einheitlichen Erstellung von digitalen Produktdaten und deren Visualisierung dar. Mit der Anwendung einer digitalen Produktdokumentation müssen unternehmensweit grundlegende Vereinbarungen innerhalb der Abteilungen zur vollständigen Definition der digitalen Datensätze zur eindeutigen internen Kommunikation verabredet werden. Dazu kann die ISO-Norm als verbindliche Richtlinie für Zuliefer- und Kundenkommunikation dienen, sodass bestehende Vertragsgrundlagen entsprechend ergänzt werden können.

Neben den Rahmenbedingungen des internen und externen Informationsaustausches sind ebenfalls die systemtechnischen Randbedingungen in allen Abteilungen zu klären und abzustimmen. Im Bereich der Entwicklung und Konstruktion sind dies zumeist die Überprüfung der jeweiligen CAX-Systeme in Verbindung mit eventuell vorhandenen PLM-Konzepten, die letztlich dann Bindeglied zu ERP-Systemen darstellen. In Bezug auf die bestehenden Entwicklungs- und Konstruktionsprozesse ist die Verteilung der digitalen Produktdaten in Fertigung oder Montage besondere Beachtung zu schenken. Innerhalb der Konstruktionssoftware ist die jeweils vorhandene Funktionspalette für die 3D-Bemaßung und im Falle von Siemens NX die Befehle der Anwendung PMI auf die bauteilspezifischen, detaillierungstechnischen Anforderungen des Bauteils zu prüfen.

Die softwaretechnische Unterstützung kann sich dabei durchaus auf mehrere intelligent vernetzte Softwarebausteine verteilen, da die Autorensysteme wie NX in der Regel ausschließlich für die Detaillierungsvorbereitung der Datensätze dienen und die Abbildung der Prozesskette und Datenstrukturen in PLM-Konzepten wie Teamcenter abgebildet werden. Man muss bei der Detaillierung mit dem CAD-Autorensystem Siemens NX und der zeichnungslosen Definition der Metadaten die Datenaufteilung berücksichtigen, um die Prozesse weiterhin sicher gestalten zu können.

2.4 Aufteilung der Bauteilinformationen

Wie im vorigen Abschnitt und in der Einleitung beschrieben lassen sich Informationen zur Definition eines digitalen Produktmodells als qualifizierende Prozessdaten anwendungsspezifisch am jeweiligen Konstruktionsobjekt definieren. Dabei sind sowohl sämtliche toleranzabhängigen Form- und Geometrieinformationen (Abmaße) als auch funktionale Baugruppeninformationen notwendig, um die Vollständigkeit in Bezug auf Fertigung, Logistik, aber auch Wartung und Montage zu gewährleisten. Der Aufbau eines digitalen Produktmodells kann hier nicht vollständig dargestellt werden, dennoch sollen für Autorensysteme und eventuell verfügbare PLM-Konzepte sinnvolle Grundlagen die ebenfalls in ISO 16792 aufgeführt sind, kurz dargestellt werden. Grundlegende Vereinbarungen des CAX-gestützten Modellaufbaus sind zumeist in firmenspezifischen Richtlinien abhängig vom Produktspektrum in Handbüchern oder Online-Quellen dokumentiert. Diese Modellplanung bezieht sich häufig auf das führende Dokument Zeichnung und nur wenig auf dreidimensional bemaßte und detaillierte Datenobjekte. In der ISO-Norm sind dazu ebenfalls die grundlegenden Vorgehensweisen und Vereinbarungen dargestellt, wie beispielsweise die Definition eines Referenzkoordinatensystems mit Ausrichtung der Achsen zur eindeutigen Lagedefinition der Bauteile. Alle Bemaßungen und Teile der Notizen oder Beschriftungen aus dem 3D-Modell können durch die vorgegebene Ausrichtung bei Auswahl der entsprechenden View-Ansicht automatisiert für den Anwender – auch gefiltert – übernommen werden. Dazu bieten die unterschiedlichen Autorensysteme verschiedene Werkzeuge an. NX bietet dazu zum einen die Definition der Layer an, durch die modellgeometrische Elemente und Hilfs- sowie Referenzgeometrien in Gruppen zusammengefasst und softwaretechnisch gesteuert werden können. Bezogen auf Baugruppen und deren Einzelteile kann auf den Befehl Reference-Set zurückgegriffen werden, der die Sichtbarkeit der einzelnen Elemente steuert. Die Grundlagen zur Anwendung dieser Befehle sollte in einem allgemeinen Grundlehrgang NX dargestellt und angewandt worden sein. Neben diesen Informationen ist es für die zeichnungslose Definition von Produktdaten notwendig, die prozess- und verwaltungstechnischen Metadaten assoziativ abzulegen. Hier bieten sich PLM-Konzepte wie Teamcenter TCUA an, die für die assoziative Integration der übrigen PMI-Informationen genutzt werden können und als Datenquelle für die Visualisierung am Geometrieelement dienen. Beispiele hierfür sind:

- Sachnummer / Item-ID
- Benennung / Item-Name + Item-Description
- Drawing Date
- Drawing Creator
- Department

- Location
- Pre-Number
- Revision Date
- Revision Name
- ERP-Systemangaben.

Ein weiterer Teil der Fertigungsinformationen wird in der Informationsverwaltung der Stammdaten im Teamcenter abgelegt. Metadaten in Form von fertigungsrelevanten Attributen können u.a. sein:

- Werkstoffbenennung
- Stoffschlüsselnummer
- Allgemein-Toleranzen
- Oberflächenbehandlung
- Allgemeintexte
- Oberfläche
- Freitexte.

2.5 Grundlagen zeichnungsloser Produktmodelle

Im Rahmen der zeichnungslosen Produktdokumentation stellt die Vorbereitung der geometrischen Datenmodelle einen erheblichen Anteil bei der späteren Verwendung der Modelle in Fertigung oder Montage dar.

Der Fokus des vorliegenden Arbeitsbuchs liegt in der Darstellung der geometrischen, toleranzabhängigen Bemaßungen und Hilfstexten auf Basis konventionell (Spanende Fertigungsprozesse) hergestellter Bauteile.

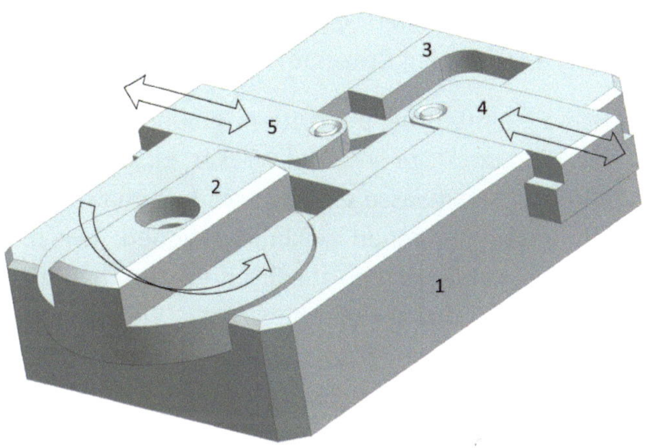

Bild 2.3: Baugruppe Winkelschiebeeinheit

Im Rahmen der Vorstellung der PMI-Befehle im System NX wird die in dargestellte Winkelschiebeeinheit verwendet. Durch Drehen der Exzenterscheibe 2 wird der Winkelschieber 3 axial in der Führung der Grundplatte 1 bewegt. Der Winkelschieber enthält zwei Führungsnuten in der jeweils ein Führungsstift der Schieber 4 und 5 gleitfest positioniert ist. Durch die Winkellage der Führungsnuten relativ zum Winkelschieber werden die beiden Schieber axial in der Grundplatte 1 geführt.

Die Grundlagen der Erstellung der Bauteile und die Anordnung der Baugruppe sind nicht Bestandteil dieses Lehrbuchs. Die einzelnen Bauteile stehen daher auch in einem Online-Portal zum Download zur Verfügung, so dass sich der Leser bei der Vorstellung der Menüanwendung PMI von Siemens NX vollständig auf das Erlernen der Grundbefehle sowie die Detaillierung und spätere Visualisierung konzentrieren kann. Dennoch sind im Folgenden kurz zwei Grundvoraussetzungen des geometrischen Modellaufbaus dargestellt, die mit den meist vorhandenen, firmenspezifischen Vorgaben und Re-

gelwerken kombiniert durchaus zu einem Redesign einge-
führter Engineering-Prozesse beitragen können.

Durch die Einführung der dritten Dimension in der führenden
Fertigungsunterlage erhalten Werker, Einkäufer u.a. abhängig
von der Produktklasse eine andere Informationsdichte als in
zeichnungsgebundenen Dokumentationen. Um die Bearbei-
ter hinreichend mit den für ihren Prozess benötigten Daten
zu versorgen, sind spezifische Sichten (Views) in Kombination
mit datenbankgestützten Metadaten eine Methode die Informationen bereitzustellen.

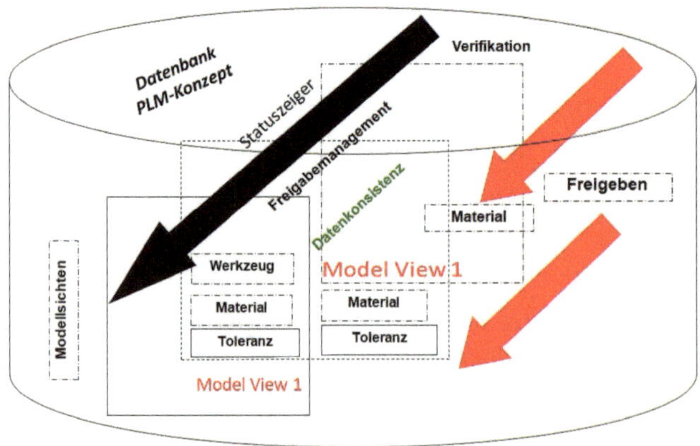

Bild 2.4: Informationsgrundlage in Modellansichten

Einsatz Layerbelegung und Reference-Set

Ein Reference-Set ist eine Sammlung von Objekten eines NX Parts unter einem eindeutigen Namen. Damit wird gesteuert, welche Daten einer Baugruppenkomponente geladen und am Bildschirm angezeigt werden. Man erhält übersichtlichere Darstellungen im Grafikbereich und die Geschwindigkeit von NX beim Laden und bei der Arbeit, insbesondere im Zusammenhang mit großen Baugruppen, die für die Montage visualisiert werden, erhöht sich signifikant. Darüber hinaus werden die erforderlichen Speicheranforderungen zum Teil deutlich reduziert. Des Weiteren werden Reference-Sets im Austauschformat JT (Jupiter Tessalation) mit übernommen.
Bei einem NX-Part werden pro Reference-Set ein separates JT File erzeugt, welches die definierte Geometrie anzeigt. Es ist darauf zu achten, dass keine leeren Reference-Sets angelegt werden und das nur Reference-Sets angelegt werden, die PMI-Informationen beinhalten, die für die Fertigung und Montage von Belang sind. Alle Volumenkörper und ggf. die zusätzlichen Elemente (wie CSYS, Datum Plane, Punkte, etc.) sind in entsprechende Reference-Sets zu legen – i.A. kann das auch automatisiert durch ein Skript erfolgen.

Die folgende Tabelle zeigt am Beispiel der Winkelschiebeeinheit, wie einzelne Prozessschritte der zeichnungslosen Modellplanung an unterschiedlichen Bauteilen erfolgen können. Die Verfahren zur geometrischen Detaillierung der Bauteile mit NX, die in diesem Buch vorgestellt werden, sind in der rechten Spalte aufgeführt. Der grundsätzliche Modellaufbau mit Anlage einer Layer- und Reference-Set-Struktur wird im Rahmen dieses Übungsbuchs für die Bauteile nicht vorgestellt, da dort in der Regel firmenspezifische Vorgaben zu beachten und umzusetzen sind.

Tabelle: Detaillierungsbeispiele PMI-Bemaßung

Bauteil	*Detaillierungs- und Konstruktionsbeispiel*
Grundplatte Winkelschieber 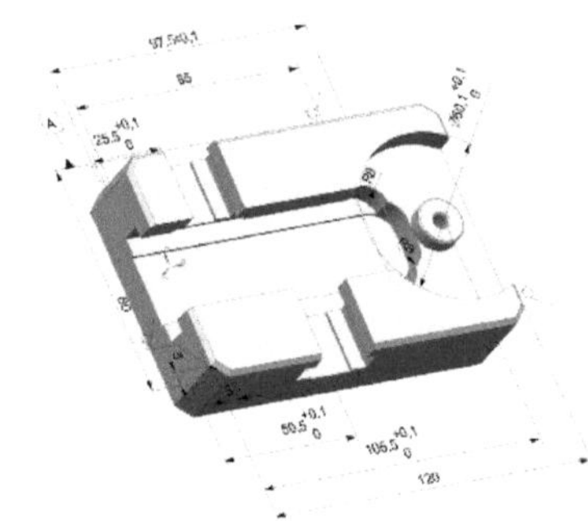 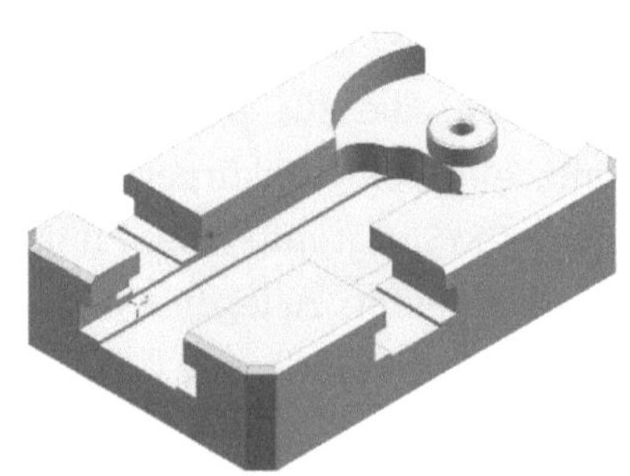	• Definition der einzelnen Modellansichten (Views) in der Konstruktion gem. ISO oder Firmenrichtlinie • Organisation der Ansichten (Views) • Layerverwaltung • Grundlagen der 3D-CAD-Volumenkörperbasierten Detaillierung • Erstellung von Schnittansichten (Section-View)

Bauteil	*Detaillierungs- und Konstruktionsbeispiel*
Winkelschieber 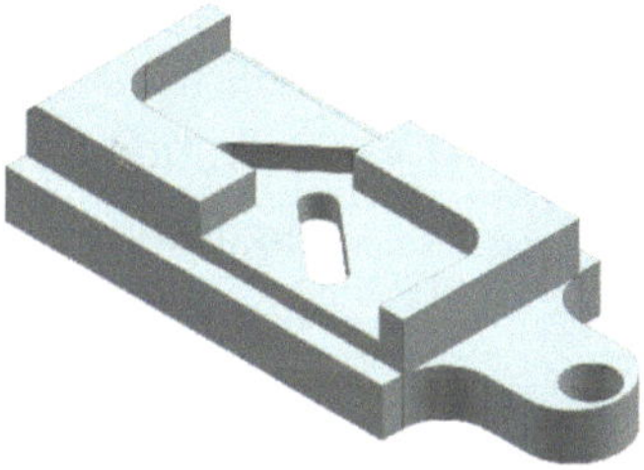	• Definition von Form- und Lagetoleranzen • Skizzenbasierte PMI-Detaillierung
Exzenterscheibe 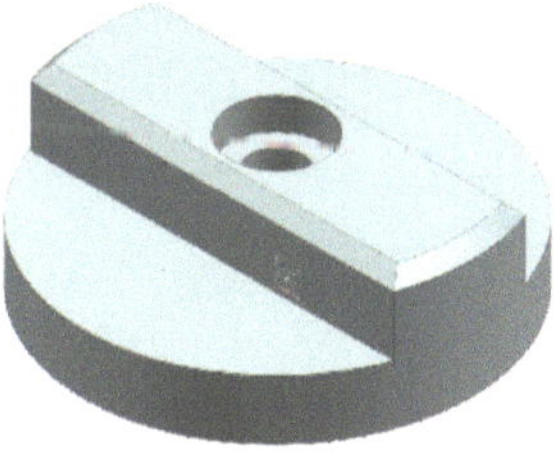	• Definition von Form- und Lagetoleranzen sowie Passungen • Fertigungsunterlagen durch Barcode System)
Schieber 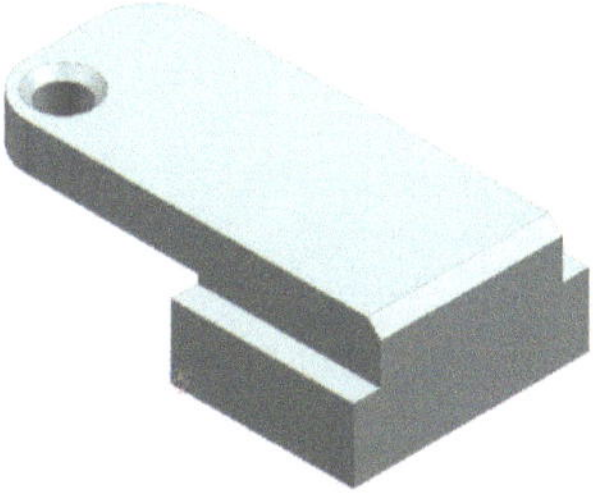	• Beschriftungen

Bauteil	*Detaillierungs- und Konstruktionsbeispiel*
Grundplatte 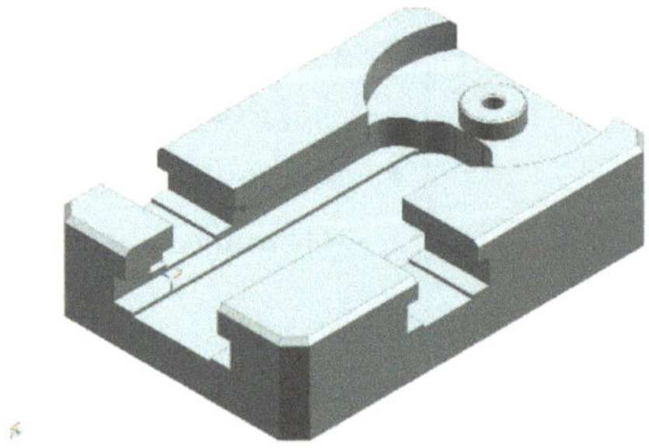	<ul><li>Viewing JT-Daten</li><li>Schnittansicht</li><li>Definition des geeigneten Datenformats (Nativ-/Austauschformat)</li></ul>
Winkel 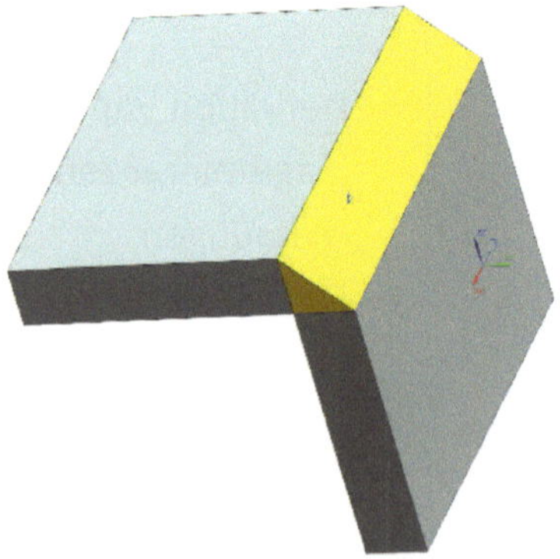	<ul><li>Bespiel der Integration einer Fertigungstechnik</li><li>Detaillierungsgrad</li><li>Schweißsymbole</li></ul>

3 Product Manufacturing Information (PMI)

3.1 NX-Befehlsumgebung

Um mit der Funktion PMI arbeiten zu können, ist sicher zu stellen, dass die Funktion aktiviert ist. Ob PMI aktiv ist, erkennt man an der Menü-Zeile, in der der Reiter „PMI" als Auswahlpunkt dargestellt ist.

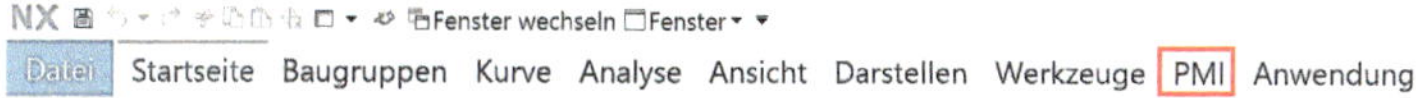

Falls dieser Menüpunkt nach dem Öffnen des Reiters „Datei" noch nicht sichtbar ist, muss die Funktion zunächst einmal aktiviert werden. Um die Funktion zu aktivieren, ist unter dem Menüpunkt „Anwendung" im Anwendungsfeld „Konstruktion" die Funktion „PMI" durch ein einfaches Klicken zu aktivieren. Wenn „PMI" aktiviert ist, ist das Feld entsprechend in einem dunklen Farbton hinterlegt und im Hauptmenüfeld erscheint ein neuer Reiter „PMI".

© Springer Fachmedien Wiesbaden GmbH, ein Teil von Springer Nature 2020
T. Groß, *Technische Produktdokumentation*,
https://doi.org/10.1007/978-3-658-28267-7_3

Alternativ kann die Funktion auch über „Datei" unter den Anwendungen durch ein Setzen des Hakens bei „PMI" bzw. über „Alle Anwendungen" gestartet werden.

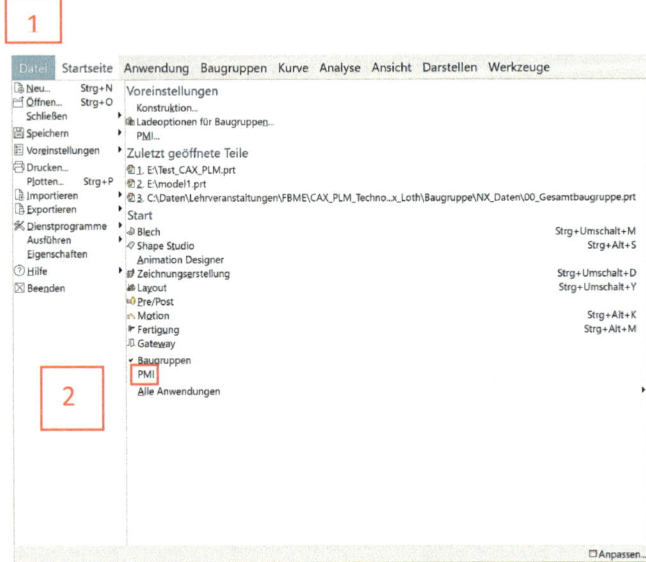

Bild 3.1 Funktion PMI Siemens NX

Unter dem Reiter „PMI" können nun die einzelnen Funktionen des „PMI"-Moduls aufgerufen werden.

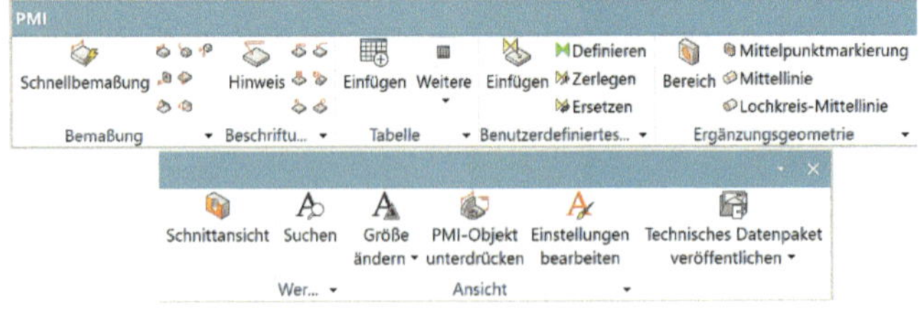

Bild 3.2: Auswahlmenü PMI-Funktionen

Die einzelnen Bemaßungsoptionen der PMI-Funktion können ebenfalls über die Befehlsfolge *Menü➔PMI➔Bemaßung* usw. aufgerufen werden. Das folgende Bild 3.3 verdeutlicht die Vorgehensweise des Befehlsaufrufs am Beispiel der Bemaßungsoptionen:

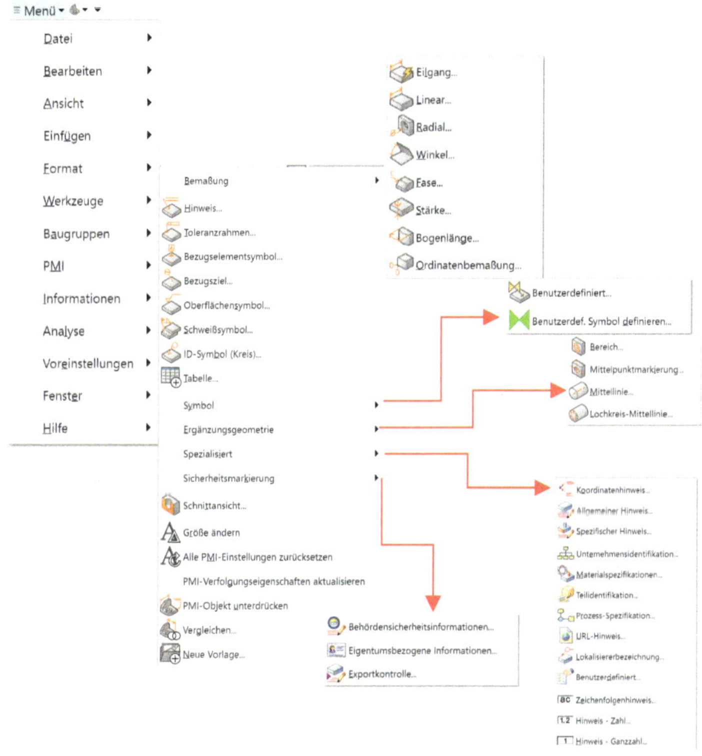

Bild 3.3: PMI-Funktionen über die Startfunktion Menü

Die anschauliche Darstellung der Fertigungs- und Montagein-
formationen eines Bauteils stellen eindeutige Anforderungen,
sowohl an die Ansichten und Schnittdarstellungen des Bauteils, als auch an die geeignete Auswahl der genutzten PMI-
Funktionen im Softwaresystem Siemens NX.

Der folgende Abschnitt zeigt die Erstellung von Modellansichten, sogenannter „Model Views", die grundsätzlich Bestandteil jedes in NX erstellten Bauteils sind, am Beispiel der
Grundplatte des Winkelschiebers.

3.2 Erstellung der Modellansichten

Die Erstellung neuer Ansichten für die Detaillierung der Modellansichten mit PMIs erfolgt im Teile-Navigator unter dem
Reiter „Modellansichten".

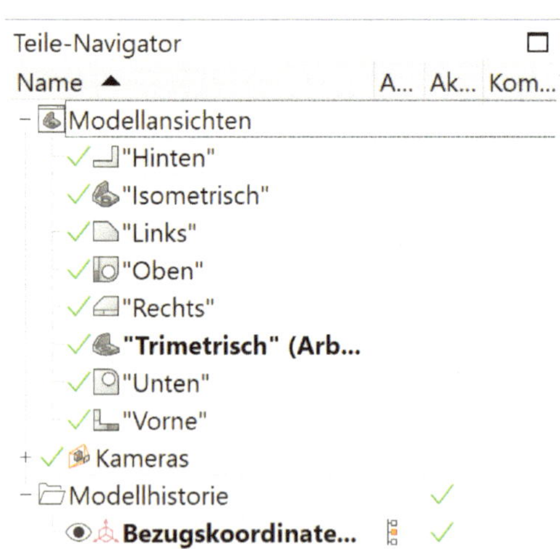

Bild 3.4: Reiter Modellansicht im Teile-Navigator

Dabei können über einen Rechtsklick auf „Modellansichten" zwischen den Optionen „Ansicht hinzufügen" bzw. „Ansichten Set hinzufügen" gewählt und die entsprechenden Einstellungen vorgenommen werden. (Bild 3.5)

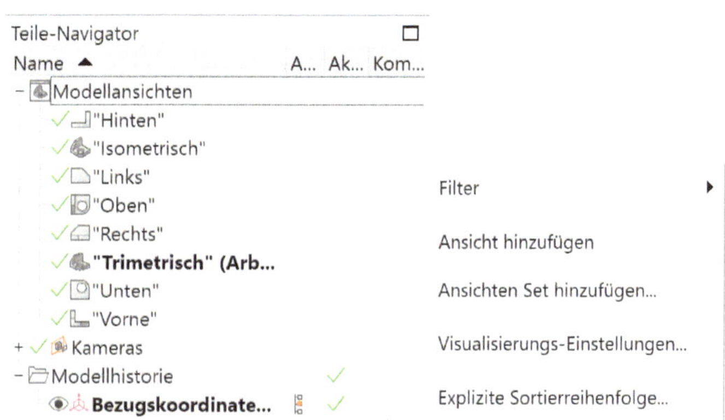

Bild 3.5: Modellansicht in der Ansichten-Liste hinzufügen

Außerdem können auch die bereits bestehenden Grundansichten kopiert und editiert werden.

Dazu muss die entsprechende Ansicht ausgewählt und nach einem Rechtsklick die „Kopieren"-Funktion gewählt werden. Nach einem weiteren Rechtsklick erscheint auch die Option „Einfügen" und die kopierte Ansicht wird zunächst mit demselben Namen und der Erweiterung Back„#1" im Modellansichtenbaum hinzugefügt.

Das folgende Bild 3.6 zeigt die schrittweise Erstellung einer neuen Modellansicht im Teilenavigator am Beispiel der Ansicht „Hinten" für die Grundplatte des Winkelschiebers, wobei der Anhang direkt in „neu" umbenannt werden kann.

Erstellung Modellansicht Hinten Grundplatte

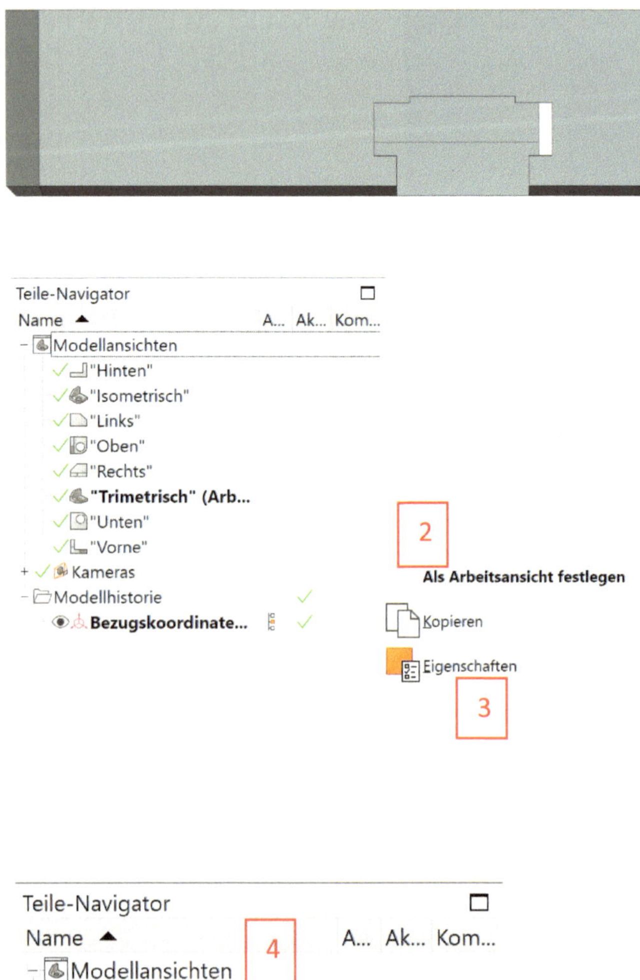

Bild 3.6: Erstellung einer neuen Modellensicht der Grundplatte

Generell sollten nur die Ansichten aktiv sein (die ISO-Ansicht ist immer aktiv), die PMIs enthalten. Sind für die technische Dokumentation weitere Ansichten notwendig, können diese Ansichten in einem sogenannten An-

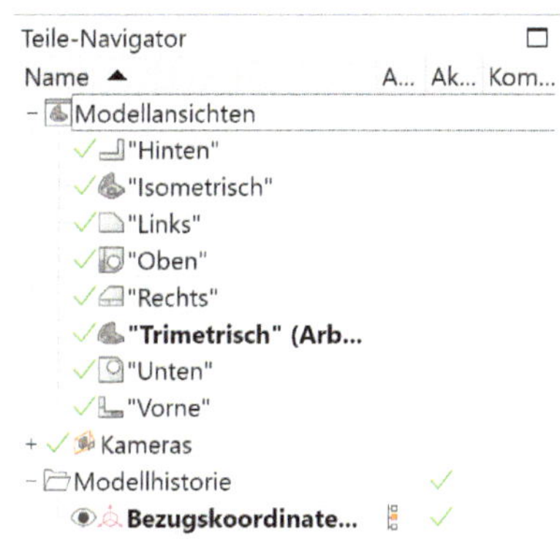

sichten-Set zusammengefasst werden. Wenn ein neues Ansichten-Set erstellt wird, können die gewünschten Ansichten durch das Setzen des Häkchens hinzugefügt werden. Das „Anwenden" von den ausgewählten Ansichten erzeugt das Ansichten-Set unter den Modellansichten in einem neuen Reiter. Dabei wird der gewählte Name und die Grundansicht übernommen.

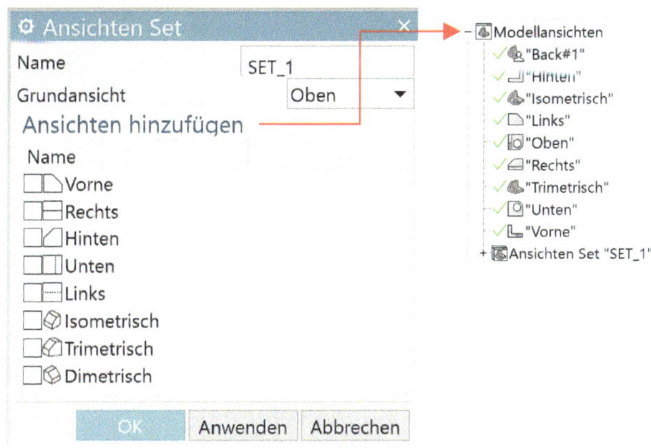

Bild 3.7: Erstellung eines Ansichten-Set

Die Erstellung des Ansichten-Sets wird durch „OK" abgeschlossen.

Erzeugung von Sections/Schnitten
(Lightweight Section)

Schnittansicht

Neben den Standardansichten ist es häufig notwendig, Informationen von innenliegenden Geometrien, wie z.B. Bohrungen oder verdeckten Querschnitten, durch Schnittansichten darzustellen. Am Beispiel der Grundplatte soll das Vorgehen der Erzeugung einer Schnittansicht (Section View) dargestellt werden.

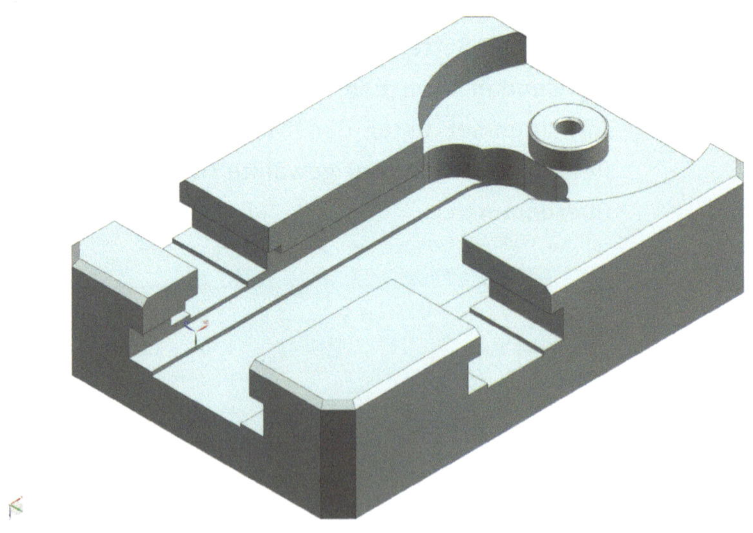

Bild 3.8: Grundplatte Winkelschieber

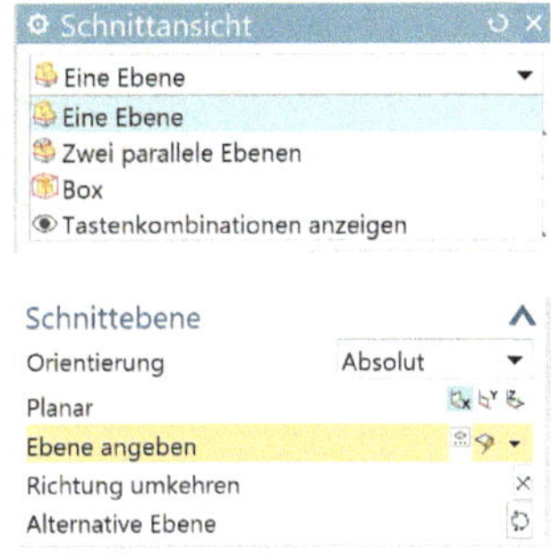

Grundsätzlich erfordert der Befehl „SECTION VIEW" immer eine Section Line.

Daher sollte die Methode im zweiten Schritt definiert werden. Grundsätzlich erfordert der Befehl „Schnittansicht" immer eine Schnittlinie. Diese Schnittlinie kann entweder dynamisch neu erzeugt werden oder es wird eine bereits vorhandene Schnittlinie verwendet. Weitere Definitionen sind abhängig von der gewählten Methode/Typ. Daher sollte diese/r im zweiten Schritt definiert werden. Unter „Typ" wird zuerst zwischen „Eine Ebene", „Zwei parallele Ebenen" und „Box" gewählt.

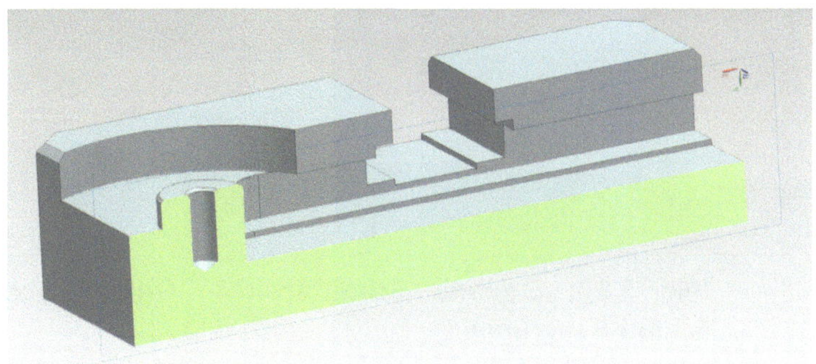

Bild 3.9: Ergebnis Schnittansicht „Eine Ebene"

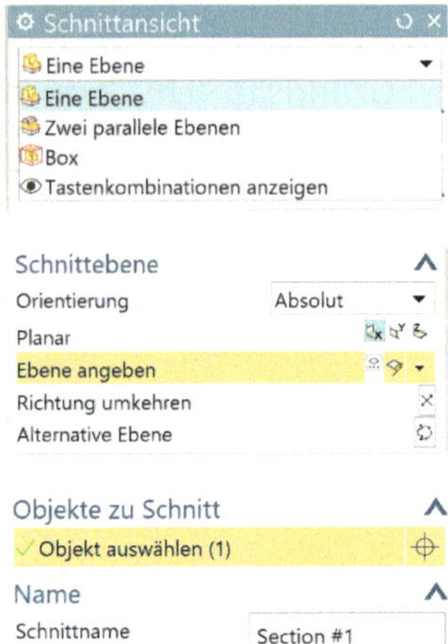

Dann kann bei der Option „Objekte in Schnitt", in Baugruppen einzelne (oder auch mehrere) Elemente geschnitten werden. Hier wird entsprechend des vorher ausgewählten Schnitttyps eine Schnittansicht der ausgewählten Objekte angezeigt. Der Schnitttyp kann auch noch geändert werden.

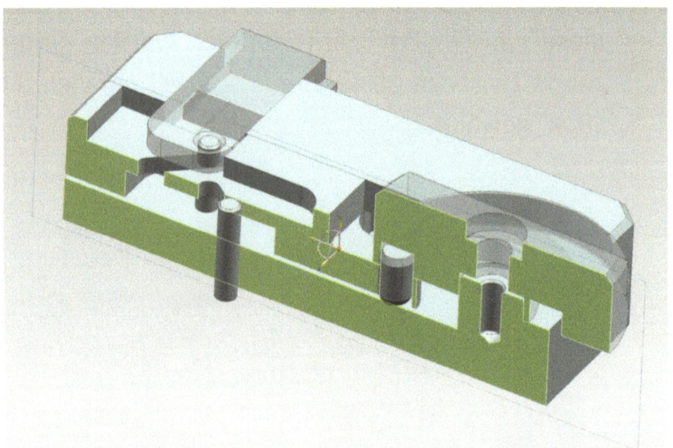

Bild 3.10: Ergebnis Schnittansicht „Option Objekte im Schnitt Baugruppe "

Schnittansicht Option: Zwei parallele Ebenen

Die Option „Zwei parallele Ebenen" ermöglicht die Auswahl zweier paralleler Schnittebenen am Objekt.
Durch die Auswahl der Ebenen aktiviert sich jeweils ein (aktives) Koordinatensystem und ermöglicht in Richtung der vorgewählten Ebene die Definition des Schnitts.

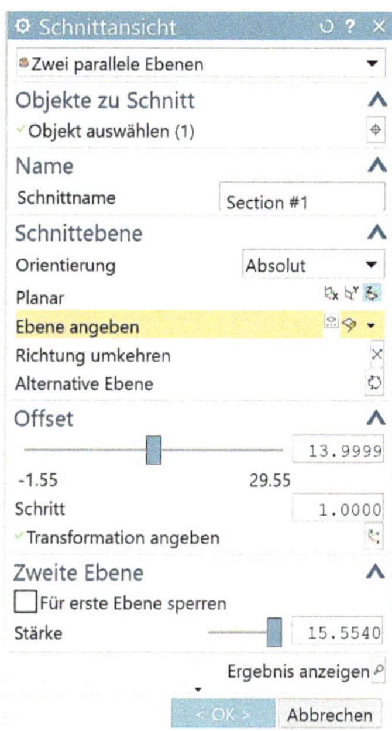

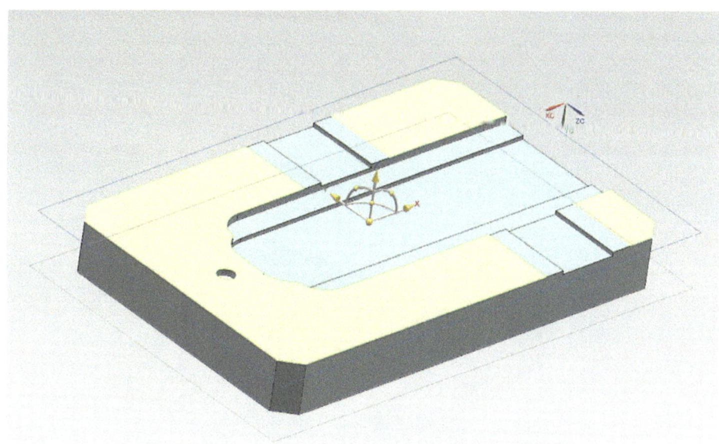

Bild 3.11: Schnittansicht „Zwei parallele Ebenen"

Schnittansicht Option: Box

Die Schnittansichtsoption „Box" ermöglicht die Definition dreier Schnittebenen. Wie in der Anwendung der parallelen Ebenen kann hier ebenfalls ein Koordinatensystem pro Ebene aktiv verschoben werden.

Unter der Einstellung „Box" kann man aktiv die Größe über den Schieberegler verändern.

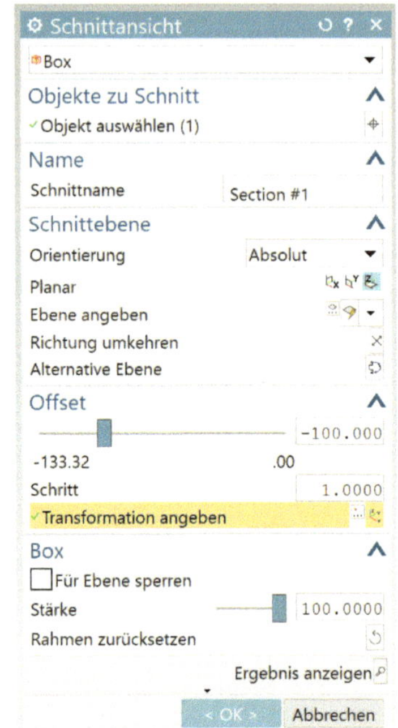

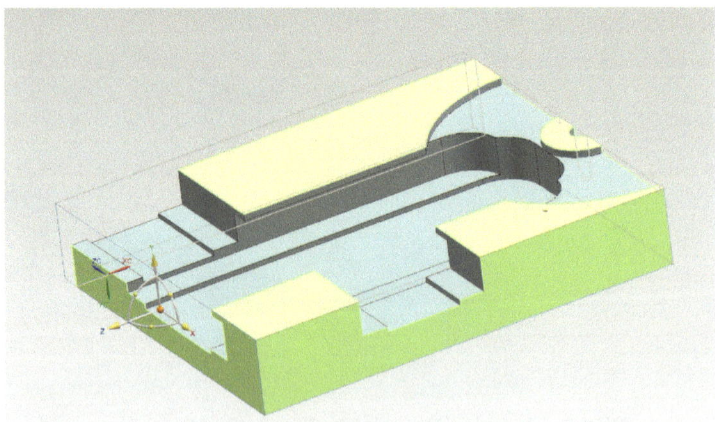

Bild 3.12: Schnittansicht Option „Box"

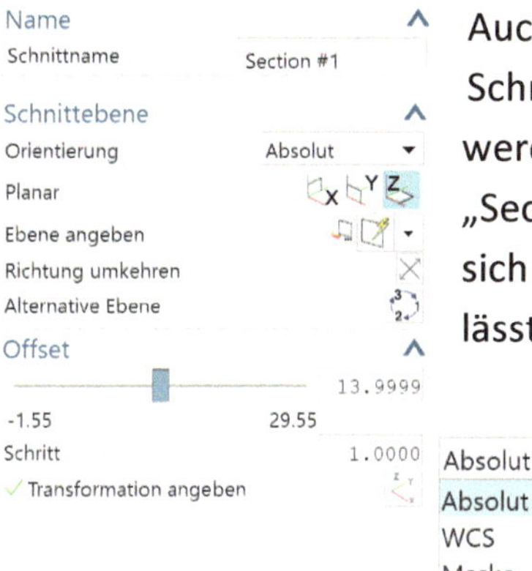

Auch der „Name" des jeweiligen Schnittes kann beliebig definiert werden. Standardmäßig wird hier „Section #1" verwendet, wobei sich die Schnittanzahl erhöhen lässt.

Der jeweiligen „Schnittebene" kann auch noch eine „Orientierung" zugeordnet werden. Dabei entspricht „Absolut" dem Absolutkoordinatensystem, welches unten links im Bearbeitungsfenster abgebildet ist. „WCS" gebraucht das örtliche Koordinatensystem des Werkstücks als Referenz und unter „Maske" kann die Schnittebene frei erzeugt werden. Die „Planar"-Ebenen beziehen sich auf das jeweils ausgewählte Orientierungskoordinatensystem und schneiden entsprechend in der gewünschten Ebene. Als „Schnittebene" kann auch noch eine „Ebene angegeben" werden. Hierzu gibt es eine Reihe von Auswahlmöglichkeiten. Um die gewünschte Einstellung auszuführen, müssen im „Dialogfenster" die entsprechenden Zahlen (Abstand, Winkel, etc.) eingegeben werden.

Um die Schnittebenen zu verschieben, reicht ein Linksklick auf die gewünschte Ebene, die vor dem Klick violett umrandet

	Ansichts-ebene
	XC-YC-Ebene
	XC-ZC-Ebene
	YC-ZC-Ebene
	Auf Kurve
	Punkt und Richtung
	Durch Objekt
	Tangente
	Zwei Linien
	Kurven und Punkte
	Bisektor
	Winkel
	Abstand
	Ermittelt

wird. Dabei gibt es verschiedene Möglichkeiten, die Schnittebene einzustellen.

Bei den „Anzeigeeinstellungen" kann unter „Anzeigemethode" ausgewählt werden, ob die Darstellung im Schnitt, also mit einem geschnittenen Körper oder lediglich in der Schnittebene erfolgen soll.

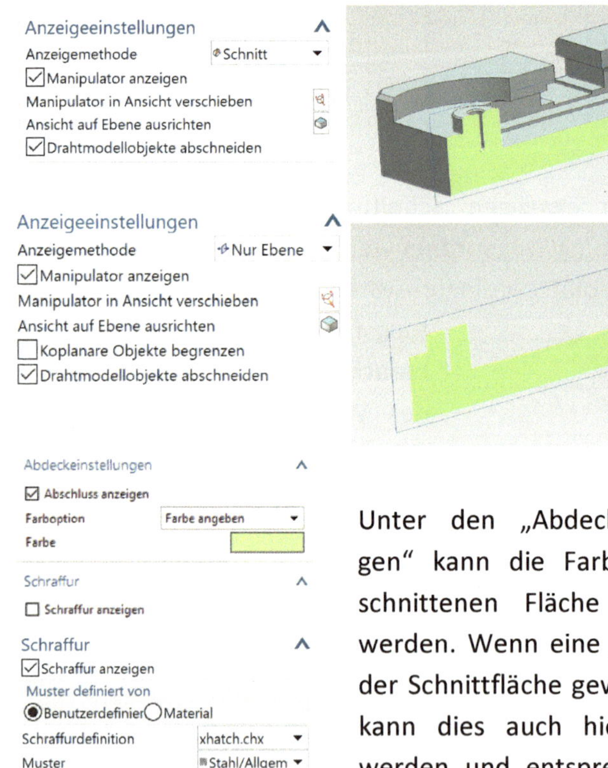

Unter den „Abdeckeinstellungen" kann die Farbe der geschnittenen Fläche angepasst werden. Wenn eine „Schraffur" der Schnittfläche gewünscht ist, kann dies auch hier gewählt werden und entsprechend das Material und die Schraffur definiert werden.

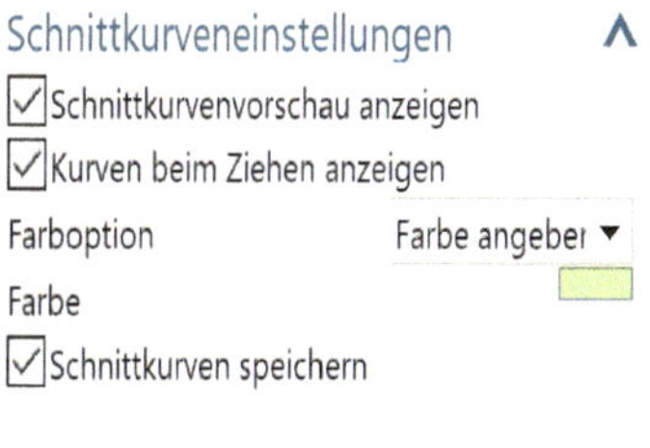

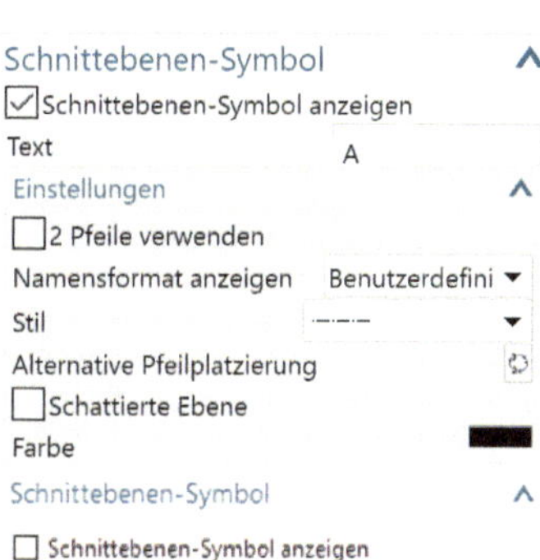

Bei den „Schnittkurveneinstellungen" kann bestimmt werden, ob die Schnittfläche mit einer bestimmten Farbe entlang der Schnittkurve hervorgehoben werden soll.

Der Schnittebene können auch noch „Symbole" zugeordnet werden. So können eine bestimmte Bezeichnung und die Linienart sowie die räumliche Anordnung der Symbole bestimmt werden.

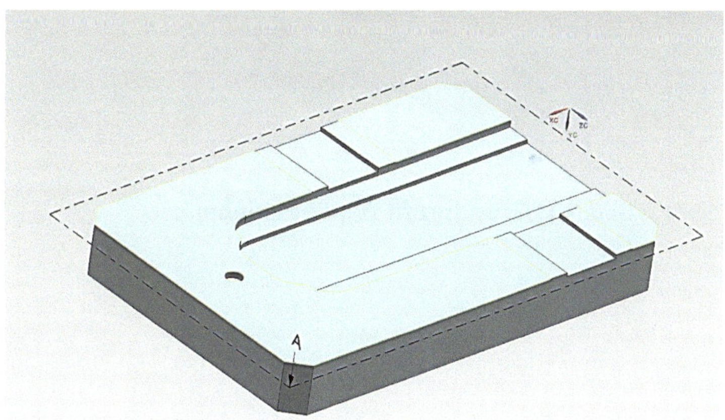

Bild 3.13: Schnittebenensymbol

4 Funktionen der PMI-Befehlsleiste

4.1 Erstellung der PMI

Der Einsatz der PMI-Funktionalität ist bereits während des Konstruktionsprozesses in NX möglich. Die Vorgehensweise wird anhand der Erstellung des Schiebers in   Bild 4.1 erläutert.

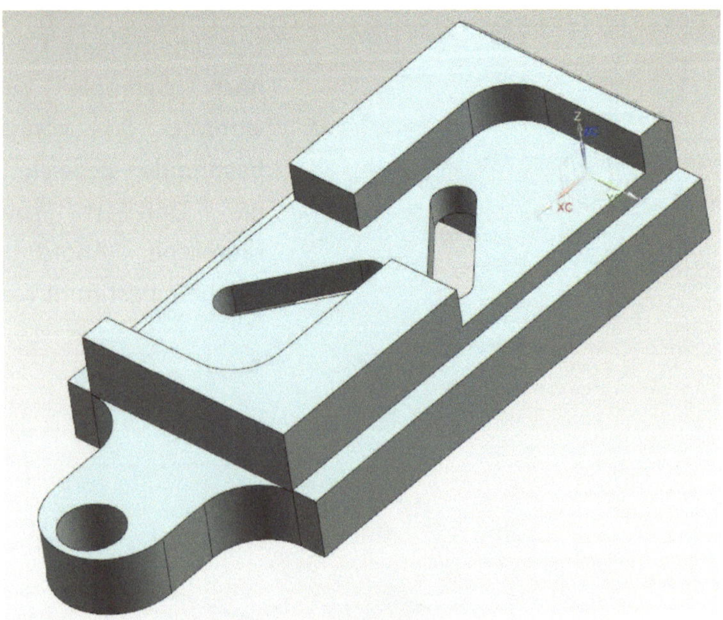

Bild 4.1: Grundprofil Winkelschieber

© Springer Fachmedien Wiesbaden GmbH, ein Teil von Springer Nature 2020
T. Groß, *Technische Produktdokumentation*,
https://doi.org/10.1007/978-3-658-28267-7_4

Das Grundprofil des Winkelschiebers ist als Profilkontor im Skizzenschnitt in .

Bild 4.2 vollständig durch Parameter festgelegt. Die Erstellung

der PMIs ist ansichtenbezogen.

Bild 4.2. Skizze Grundprofil Winkelschieber

Dabei wird die Skizze geöffnet. Mit einem Rechtsklick auf das gewünschte Maß öffnen sich die verfügbaren Einstellungen und der Punkt „Als PMI anzeigen" kann ausgewählt werden. Nach dem Schließen der Skizze, in der die PMIs generiert wurden, sind sie nur in der zum Bearbeitungszeitpunkt aktiven Modellansicht hinterlegt. Die erzeugten PMIs können jedoch auch nachträglich einer, mehrerer oder allen anderen Ansichten zugewiesen werden.

Bei der Auswahl der Option „In Ansichten…" erscheint ein Fenster, in dem die gewünschten Ansichten ausgewählt werden können, die ebenfalls die entsprechende PMI-Verknüpfung aufweisen sollen. Bei der Auswahl von „In allen Ansichten" wird die markierte PMI-Bemaßung in alle anderen Ansichten direkt kopiert.

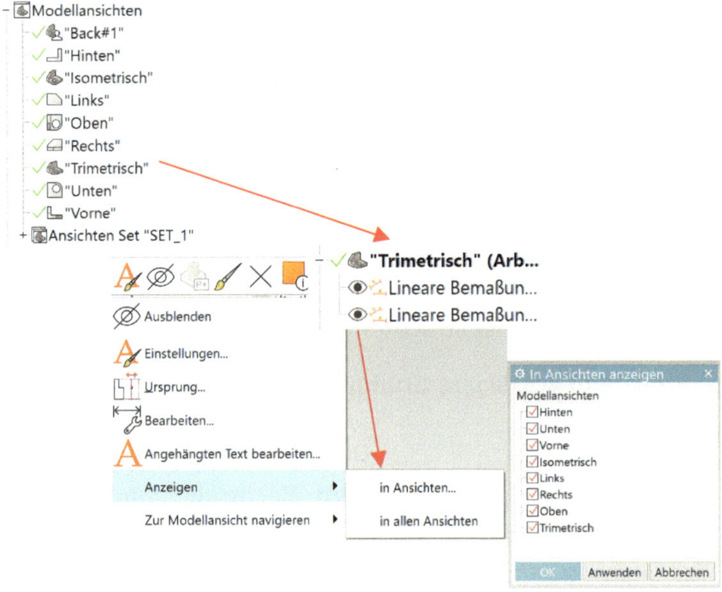

Bild 4.3: Anzeige von PMI-Bemaßungen in verschiedenen Ansichten

Es ist jedoch nicht immer möglich, aus den Skizzenmaßen, die einen funktionalen Modellaufbau gewährleisten sollen, alle relevanten Detaillierungsbemaßungen zu entnehmen. Dazu ermöglicht die PMI-Funktion „Dimension" ein 3D-Volumenmodell mit allen notwendigen Maßen zu detaillieren.

Über das Menü *„PMI"* ➜ *„Dimension"* Bemaßung sind die Bemaßungsbefehle aufgeführt. Es werden acht verschiedene Bemaßungsoptionen angeboten: Eilgang- (oder Schnell-), Linear-, Radial-, Winkel-, Fase-, Stärke-, Bogenlänge- und Ordinatenbemaßung. (Bild 4.4)

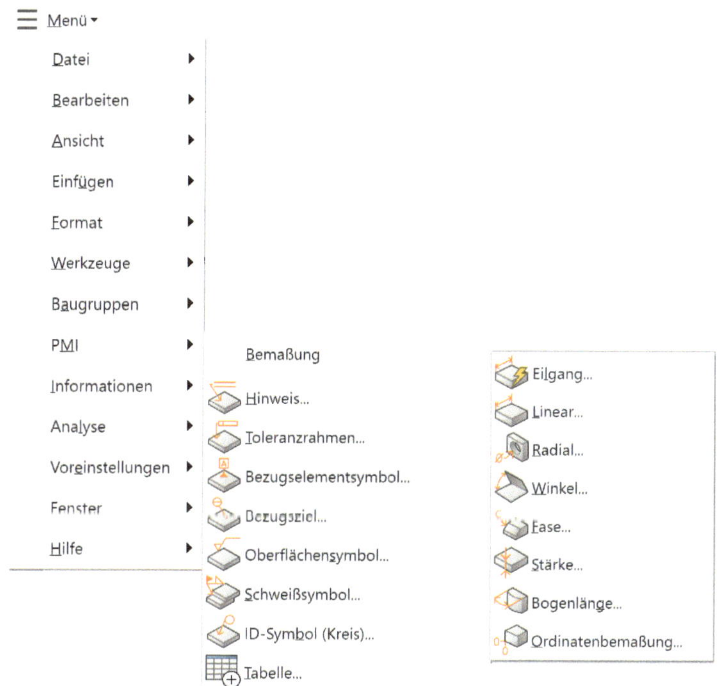

Bild 4.4: Funktionen des Befehls „Schnellbemaßung"

Schnellbemaßung

Über die **Schnellbemaßung** (Rapid Dimension) können direkt unterschiedliche Bemaßungen aus einer Gruppe allgemeiner, häufig verwendeter Bemaßungstypen erzeugt werden. Die folgenden Bemaßungstypen werden bei einer Erzeugung unterstützt.

Die Möglichkeit in einem Modus auf alle anderen Bemaßungsmodi zurückgreifen zu können, beschleunigt den Bemaßungsprozess. Ist jedoch eine konkrete Form der Bemaßung gewünscht oder wird das Ziel nicht durch die Schnellbemaßung erreicht, so können auch die einzelnen Bemaßungsoptionen abgerufen werden.

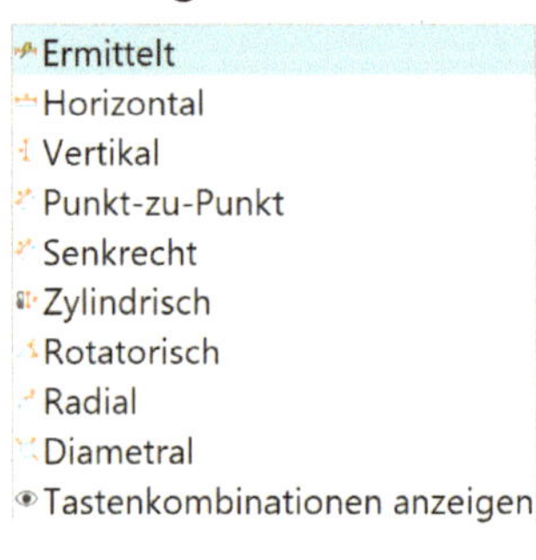

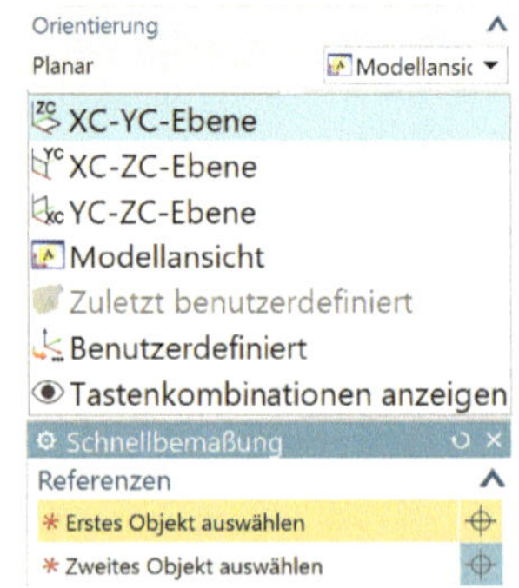

Als „Referenzen" können in der Schnellbemaßung nach Belieben Eckpunkte, Kanten, Radien und alle anderen möglichen Referenzpunkte angewählt werden. Um eine Bemaßung erzeugen zu können, werden zwei Referenzen benötigt. Beim Auswählen der Referenzen werden die auswählbaren Punkte im Bereich des Zeigers angezeigt und farblich hervorgehoben. Falls an einem Punkt mehrere Referenzen auswählbar sind, öffnet sich die „Quick Pick"-Box, in der alle möglichen Referenzen abgebildet werden.

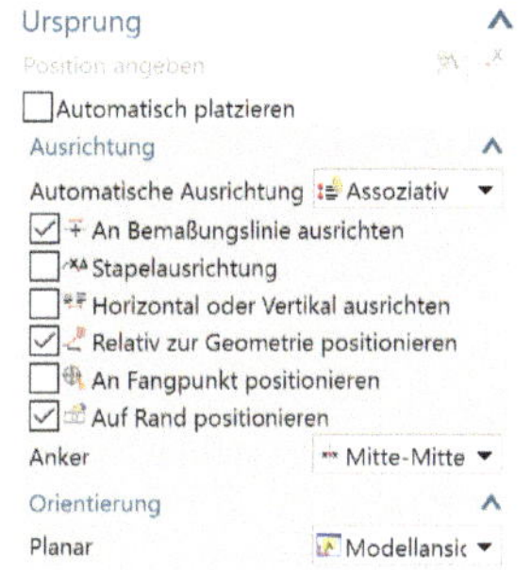

Unter dem Bereich „Ursprung" können eine Reihe von Grundeinstellungen definiert werden. Bei der „assoziativen Ausrichtung" wird der Ursprung so verknüpft, dass dieser immer mit einer anderen Bemaßung ausgerichtet ist.

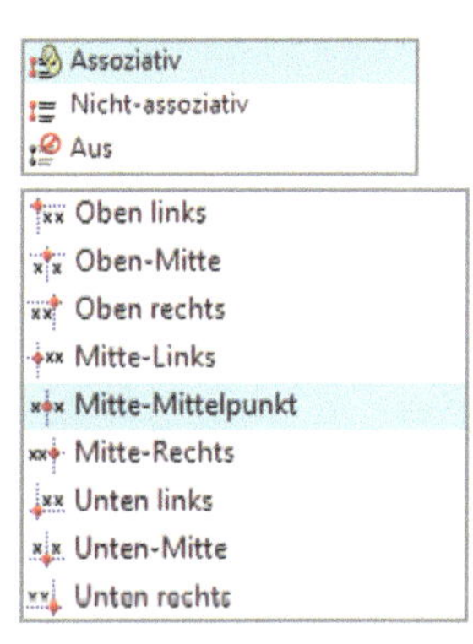

Auch unter „Anker" kann die Ausrichtungspositionsmethode geändert werden. Die Beschriftungen liegen immer in einer Ebene (Planar). Diese Ebene kann jedoch individuell variiert werden. Als Orientierung können die X-Y/X-Z/Y-Z-Ebene oder die Modellansicht dienen. Darüber hinaus kann auch noch eine benutzerdefinierte Ebene definiert werden.

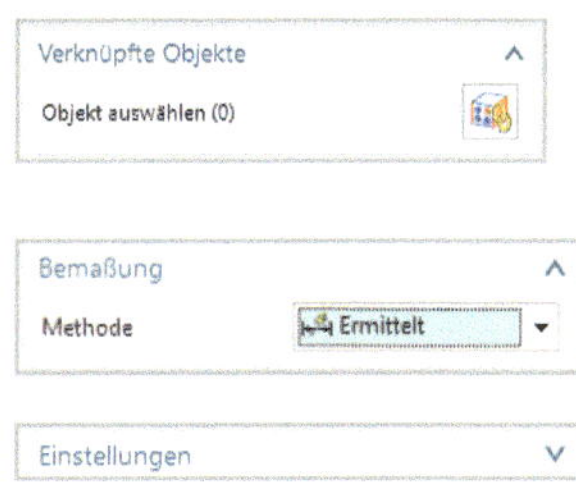

Verknüpfte Objekte: Verknüpfen von Objekten ist notwendig, um eine Beziehung vom angelegten Maß zum Bauteil herzustellen.

Bemaßung: In der Schnellbemaßung sind neun Bemaßungsmodi integriert, wobei im „Ermittelt"-Modus alle anderen auch vorhanden sind:

	Ermittelt	Die Methode für die Bemaßung wird von den gewählten Objekten der Position des Coursors abgeleitet.
	Horizontal	Bemaßen des horizontalen Abstandes zwischen zwei Objekten
	Vertikal	Bemaßen des vertikalen Abstands zwischen zwei Objekten
	Punkt-zu-Punkt	Bemaßen des kürzesten Abstands zwischen zwei Objekten
	Senkrecht	Bemaßen des kürzesten rechtwinkligen Abstands zwischen zwei Objekten
	Zylindrisch	Bemaßen des Durchmessers eines Zylinders oder Kreises in der Seitenansicht
	Rotatorisch (Winkel)	Bemaßen des Winkels zwischen zwei Objekten
	Radial	Bemaßen des Radius eines Zylinders oder Kreises
	Diametral	Bemaßen des Durchmessers eines Zylinders oder Kreises

Bild 4.5: Bemaßungsmodi der Schnellbemaßung

Im Bearbeitungsmodus öffnet sich nach dem Auswählen einer Bemaßung ein Dialogfenster. In diesem Dialogfenster können die einzelnen Bemaßungsparameter noch weiter konkretisiert und eventuell auch verändert werden. Das Vorgehen für die einzelnen Bemaßungsmethoden wird im folgenden Abschnitt jeweils anhand des Befehls „Lineare PMI" Bemaßung dargestellt. Bevor das jeweilige Maß durch einen Linksklick in der Ansicht abgelegt wird, erscheint bei kurzem Stillstand des Cursors folgendes Eingabefeld:

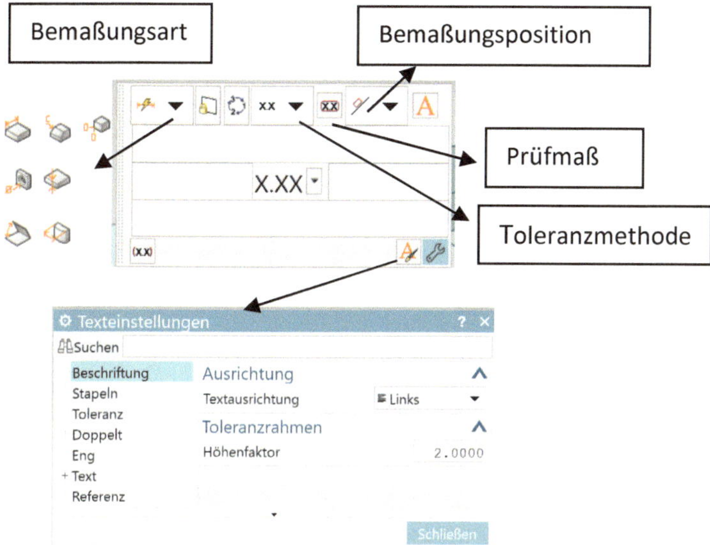

In diesem Bereich können die benötigten Zeichnungsangaben, wie die Bemaßungsmethode, die Orientierung und die Toleranzen addiert werden. Außerdem kann die Bemaßung auch als Prüfmaß angezeigt werden, die Textlage angepasst, zusätzlicher Text hinzugefügt und bestimmt werden, wie viele Nachkommastellen des Maßes anzeigt werden sollen. In den rot unterlegten Bereichen des Eingabefeldes kann das Maß mit Text ergänzt werden.

4.2 PMI-Bemaßungen

Grundsätzlich kann beim Erstellen einer **Linearbemaßung** ein Dimension-Set definiert werden. Mit diesem ist das Erstellen von Grundlinien- und Kettenbemaßungen möglich. Die Orientierung und auch Ausrichtung der Bemaßung kann durch eine der folgenden Methoden definiert werden.

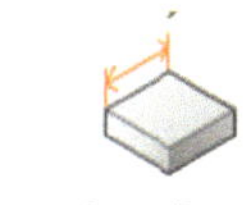
Linearbemaßung

Im Folgenden werden die möglichen Optionen der Orientierung einzeln kurz erklärt und jeweils eine Bemaßung als Beispiel am Winkelschieber präsentiert.

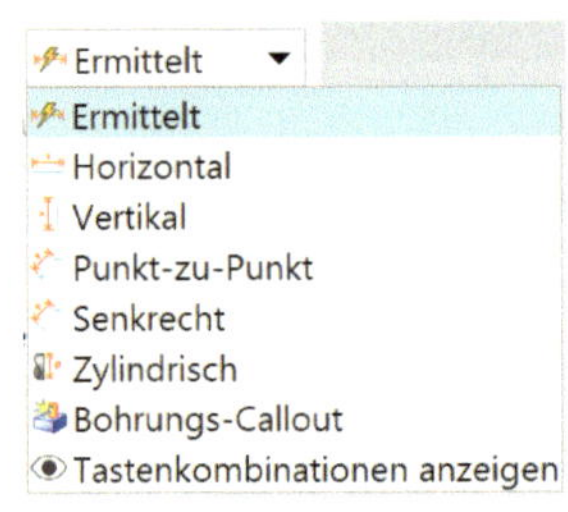

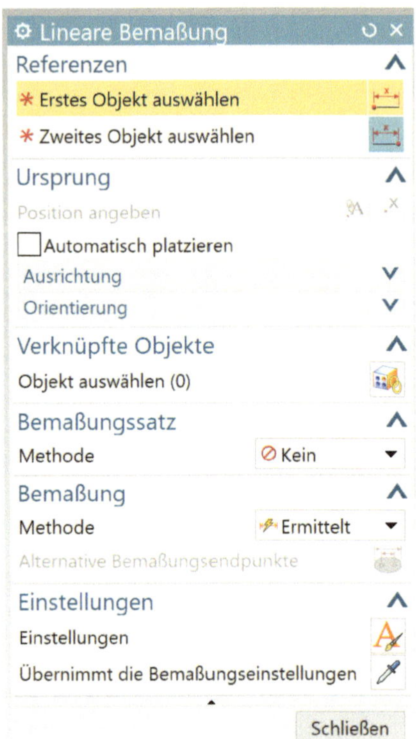

**Horizontal/
Vertikal**

Mit den Methoden „Horizontal/Vertikal" erfolgt das Bemaßen des horizontalen oder vertikalen Abstands zwischen zwei Objekten. Dazu werden zwei Objekte angewählt und das Programm erzeugt die direkte horizontale bzw. vertikale Bemaßung. Das folgende Beispiel in   Bild 4.6 zeigt das Ergebnis einer horizontalen Bemaßung an Einfräsungen am Winkelschieber.

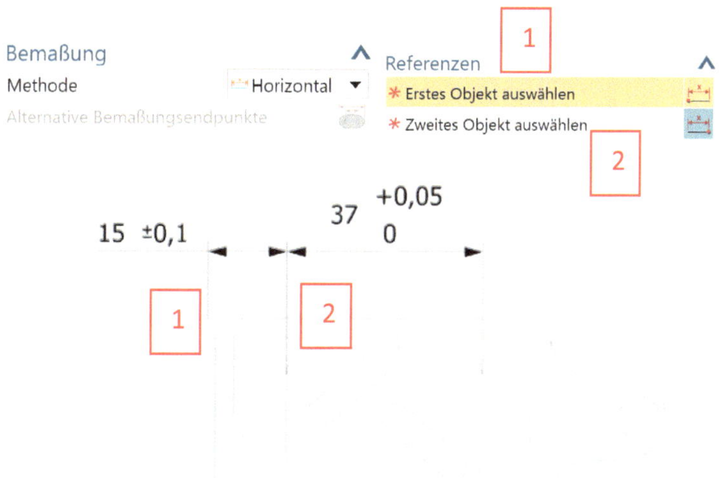

Bild 4.6: Bemaßungsmethode „Horizontale Bemaßung"

Als erste Referenzgeometrie kann sowohl ein Punkt als auch eine Kante im Auswahlmenü angewählt werden. Hierbei kann es hilfreich sein, den Selektionsfilter der Referenz-Geometrien entsprechend auf „Punkt" oder „Kante" einzu stellen. Zur Erstellung der Bemaßung wird die jeweilige Kante als Bezugselement verwendet.

Die vertikale Bemaßungsfunktion kann nach demselben Muster angewendet werden. Das folgende Bild 4.7 zeigt ebenfalls am Beispiel des Winkelschiebers eine vertikale Bemaßung einer Taschenfräsung an der Winkelschiebeeinheit oder die Breite des Lagerauges.

In beiden Fällen wird als Referenzgeometrie jeweils die Kante des zu bemaßenden Objekts ausgewählt.

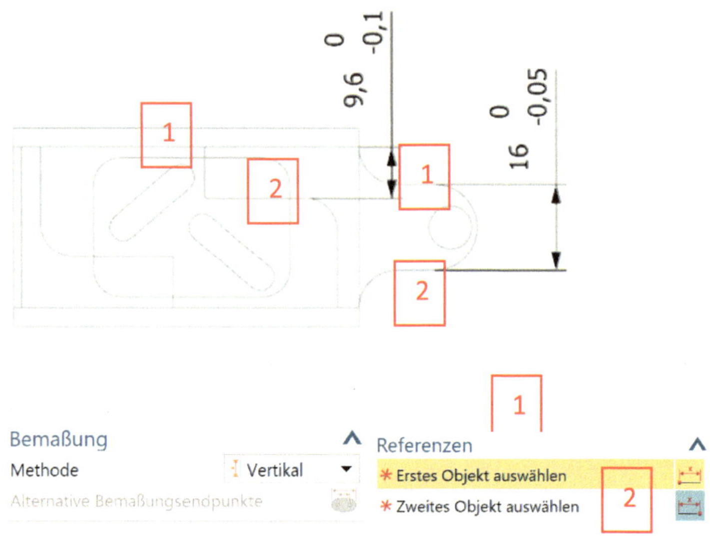

Bild 4.7: Bemaßungsmethode „Vertikale Bemaßung"

Grundlinie

Beim Erstellen einer „Grundlinien- oder Kettenbemaßung" ist lediglich die Definition weiterer Endpunkte erforderlich. Der jeweilige Startpunkt entspricht bei einer Grundlinienbemaßung immer der Grundlinie und bei der Kettenbemaßung dem Endpunkt der letzten Bemaßung.

Um diese Art der Bemaßung zu erzeugen, ist es notwendig, eine der dargestellten Methoden zu verwenden. Diese unterscheiden sich je nach Bemaßungstyp leicht.

Unter dem Menüpunkt „Bemaßungssatz" lassen sich die entsprechenden Arten auswählen.

Das folgende Bild 4.8 zeigt ein Beispiel für die Anwendung „Grundlinienbemaßung".

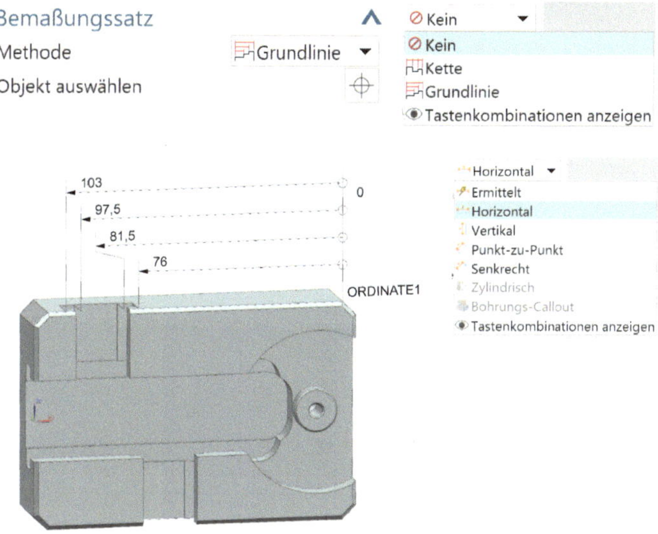

Bild 4.8: Grundlinienbemaßung

Bei der Erstellung einer Grundlinien- bzw. Kettenbemaßung wird das erste Maß wie eine übliche Linearbemaßung erzeugt. Dann kann in dem Optionsfeld „Bemaßungssatz" die Form der Bemaßung gewählt werden.

In Bild 4.9 ist das Ergebnis einer Kettenbemaßung am Beispiel der Grundplatte des Winkelschiebers dargestellt.

Bild 4.9: Kettenbemaßung

Einzelbemaßung Punkt zu Punkt:

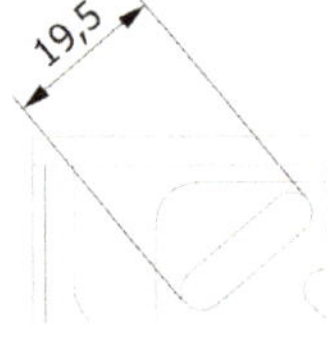

Mit der „Punkt-zu-Punkt"-Methode erfolgt
das Bemaßen des kürzesten Abstands zwischen zwei Objekten.

Einzelbemaßung Senkrecht:

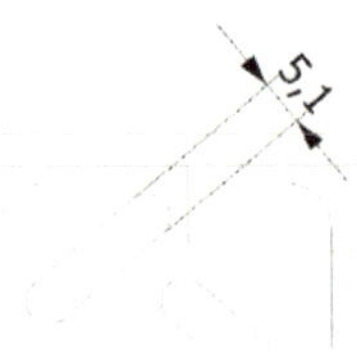

Mit der Methode „Senk-recht" erfolgt das Bemaßen des kürzesten recht-
winkligen Abstands zwischen zwei Objekten.

Einzelbemaßung Zylindrisch:  Zylindrisch

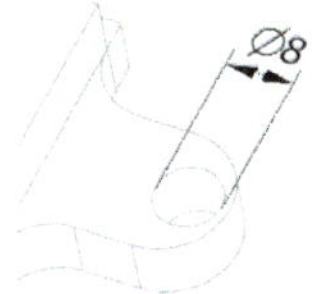

Mit der Methode „Zylindrisch" erfolgt das Bemaßen eines Durchmessers in der 2D-Ansicht. Hierbei wird auch das Durchmessersymbol hinzugefügt.

Einzelbemaßung Radial:  Radial

Der Befehl der **Radial-** bzw. **Diametralbemaßung** dient der Erstellung von radialen Bemaßungen an kreis- und bogenförmigen Geometrieobjekten.

Einzelbemaßung Rotatorisch: Rotatorisch

Der Befehl der **Winkelbemaßung** (Rotatorisch) dient dem Darstellen von Winkelverhältnissen und bildet so das Winkelmaß zwischen zwei Objekten ab. Hier kann der Winkel auch als „Alternativer Winkel" dargestellt werden, welches dem Gegenwinkel entspricht.

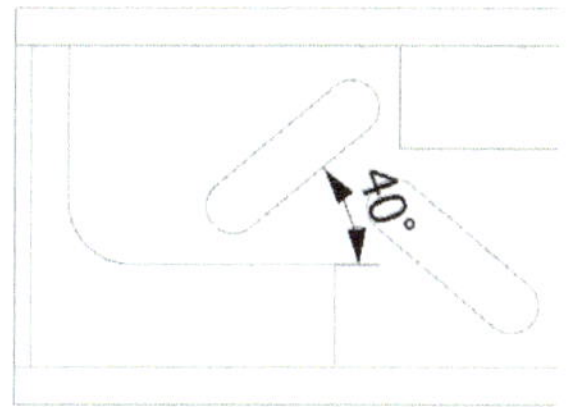

Einzelbemaßung Fase: 

Mit dem Befehl **Fase** oder **Fasenbemaßung** kann auf einfach Weise eine Bemaßung für eine 45°-Fase erstellt werden. Die Abbildung zeigt hierfür ein Bei-spiel. Für Fasen mit abweichen-dem Winkel stehen die Stan-dardbemaßungstechniken zur Verfügung.

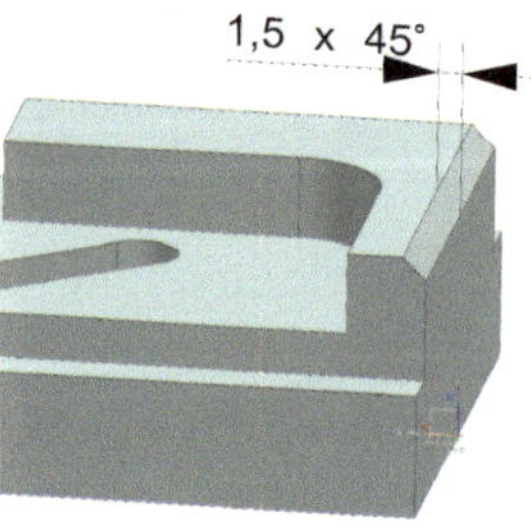

Einzelbemaßung Stärke: 

Mit dem Befehl der **Stärkenbemaßung Stärke** kann der Ab-stand zwischen zwei Kurven bemaßt werden. Bei der Auswahl ist der Punkt relevant, an dem die erste Kurve selektiert wird, da der Ab-stand zur zweiten Kurve in Richtung der Normalen des Punkts gemessen wird. Die nebenstehende Abbildung zeigt das Erstellen einer Abstandsbemaßung zwischen zwei Spline-Kurven.

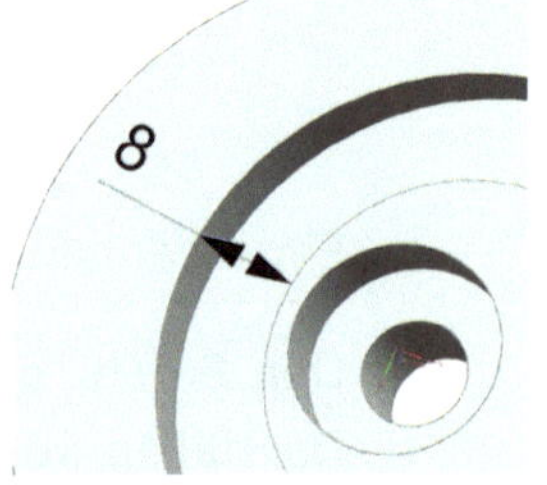

Einzelbemaßung Bogenlänge: 

Der Befehl **Bogenlänge** dient dem Er-stellen von Bemaßungen für Bogen-längen, also einer Strecke entlang des Umfangs eines Kreissegments.

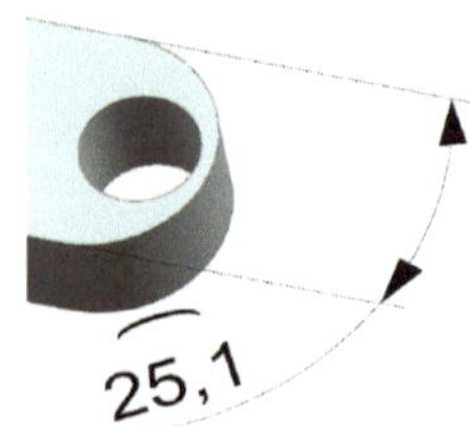

Ordinatenbemaßung:  Ordinate

Der Befehl **Ordinatenbemaßung** (oder steigende Bemaßung) dient dem Erstellen von Ordinatenmaßen, die den linearen Abstand zwischen einem gemeinsamen Ursprungspunkt und einem Objekt in der Ansicht bemaßen.

Die Ordinatenbemaßung kann jeweils für einzelne Objekte oder für mehrere Objekte zugleich erstellt werden. Für Letzteres steht der Typ „Mehrere Bemaßungen" zur Verfügung. Nachfolgend wird die Verwendung des Typs „Einfache Bemaßung" am Beispiel der Winkelschiebeeinheit im Bereich der Nutfräsungen vorgestellt.

Nach der Definition eines „Ursprungs" (auch die gewünschte Orientierung des Ursprungs muss unter Umständen angepasst werden) wird das zu bemaßende Objekt gewählt, platziert und daraufhin das erste Maß dargestellt. So können alle weiteren Objekte gewählt und platziert werden. Auch kann unter „Senkrechte aktivieren" das zweite Ordinatenmaß für den betreffenden Punkt hinzugefügt werden. Im Bereich „Ränder" (unter „Ränder definieren") können Hilfslinien erstellt werden, die das definierte Platzieren der Bemaßungen erleichtern.

Vor dem Anwenden des Typs „Mehrfache Bemaßung" ist es erforderlich, entsprechende Hilfslinien („Ränder") für die Bemaßungen zu definieren. Danach können die zu bemaßenden Objekte mit einem Rahmen auswählt werden.

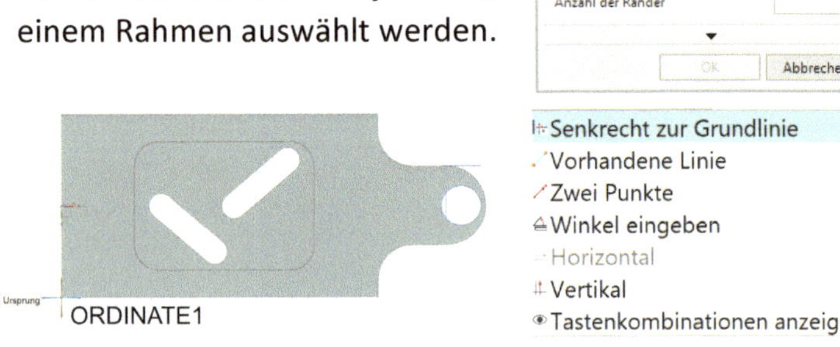

Hierbei kann mit der Option „Nur Bogenmittelpunkte auswählen" festlegt werden, dass nur Bogenmittelpunkte gewählt werden. Die erfassten Bogen werden bei der Rechteckauswahl (Klicken und Ziehen mit der linken Maustaste) rot hinterlegt und können über einen Filter weiter eingeschränkt werden.

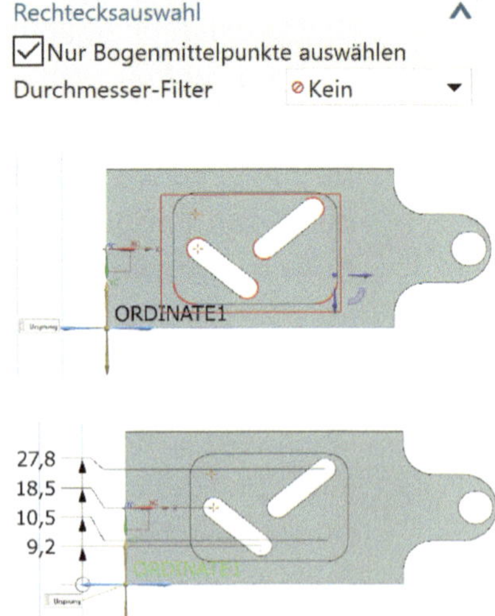

5 Beschriftungen

Im Rahmen der Detaillierung von 3D-CAD-Objekten sind neben der Festlegung der Abmaße auch die Darstellung der Toleranzfelder sowie notwendiger Form- und Lagedefinitionen der einzelnen Elemente durchzuführen. Dazu stellt die Untergruppe „Beschriftung" alle notwendigen Detaillierungsfunktionen zur Verfügung.

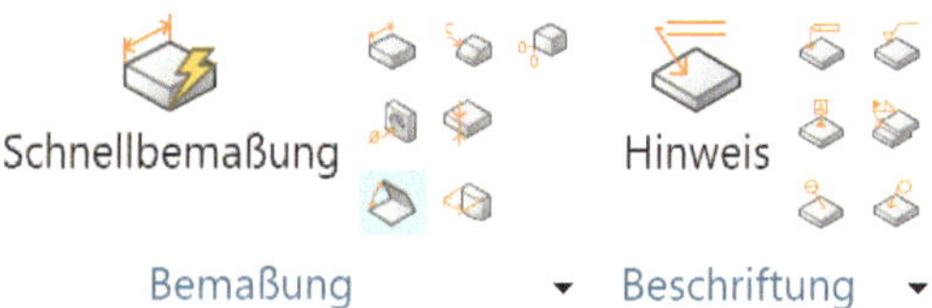

Bild 5.1: PMI Befehle der Kategorie Beschriftung

5.1 Toleranzen

Auch das Erzeugen von Toleranzen ist im PMI-Modus möglich. Hierzu sind im Dialogfenster der „Schnellbemaßung" alle benötigten Einstellungsoptionen zu finden. Sollte über die „Schnellbemaßung" eine Toleranz nicht wie gewünscht dargestellt werden können,

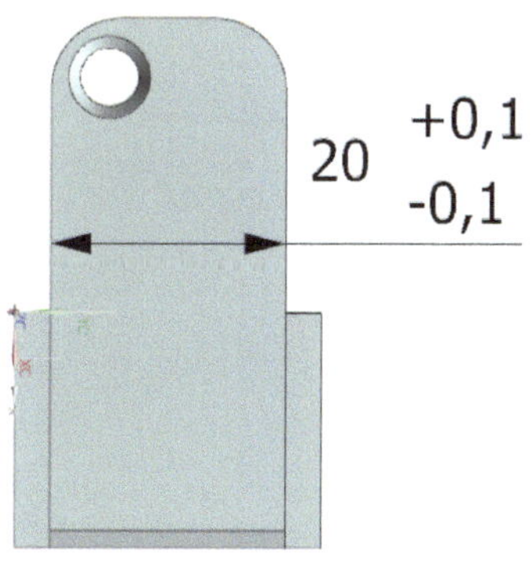

muss das Maß und die dazugehörige Toleranz im bestimmten Bemaßungsmodus erzeugt werden. Im Folgenden wird das Beispiel einer bilateralen Toleranzerzeugung schrittweise am Schieber der Baugruppe aufgegliedert.

© Springer Fachmedien Wiesbaden GmbH, ein Teil von Springer Nature 2020
T. Groß, *Technische Produktdokumentation*,
https://doi.org/10.1007/978-3-658-28267-7_5

1. Bemaßung „Schnellbemaßung" wählen

Befehl: *„PMI"* ➔ *„Bemaßung"* ➔ *„Schnellbemaßung"*

1. Die zu bemaßenden Kanten oder Flächen anwählen

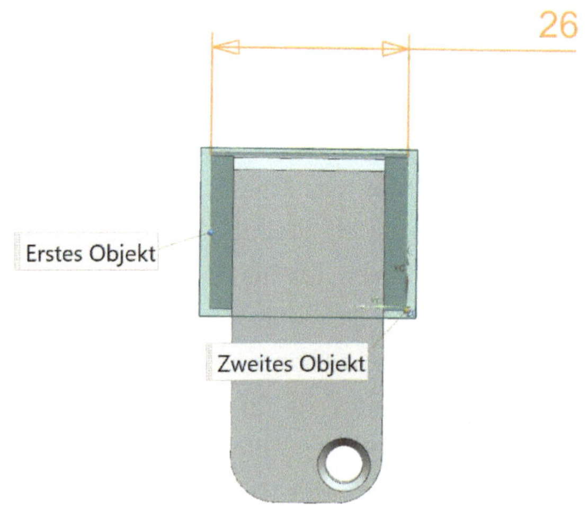

Bild 5.2: Auswahl Referenzgeometrie Beschriftung

2. Nachdem die zweite Kante oder Fläche selektiert wurde, öffnet sich das Dialogfenster *„ermittelte Bemaßung"*.
In diesem Dialogfenster sind der „Toleranztyp" und ggf. der „Nominaltyp" (Nachkommastellentyp) entsprechend zu wählen. Im Allgemeinen bleibt der „Nominaltyp" auf 1 stehen (eine Nachkommastelle des Maßes wird angezeigt). Die verschiedenen Typen sind folgende:

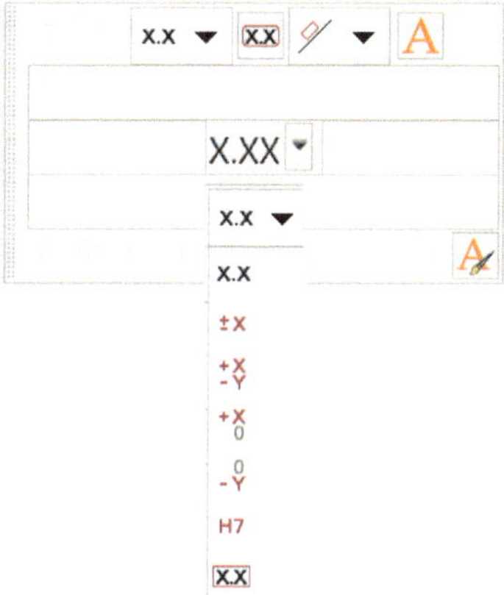

Bild 5.3: Einstellungen der Toleranzfeldlagen PMI

3. **Daraufhin erweitert sich das Dialogfenster um die Eingabe der *„Toleranz"*.**

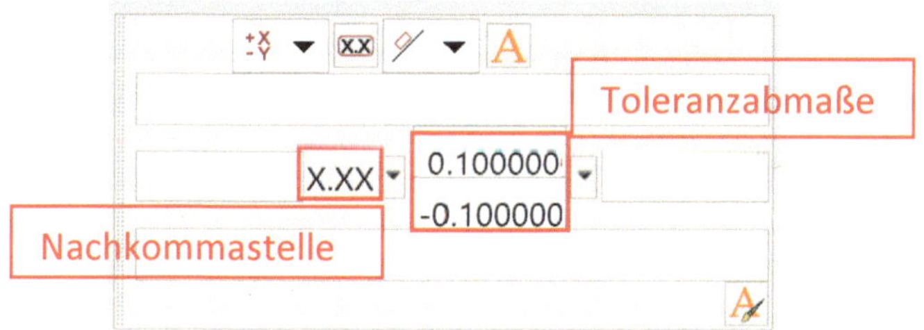

Bild 5.4: Beschriftungsmaske Toleranzabmaße

Jetzt müssen die erforderlichen Toleranzwerte (entsprechend
der gewählten Toleranz) eingegeben werden. Im Nebenfeld
ist die „Nachkommastelle" des Toleranzwertes auszuwählen.
Der voreingestellte Wert „1" kann beibehalten werden.

4. Nach Eingabe der Toleranzwerte ist das Maß in der „Modellansicht" zu platzieren.

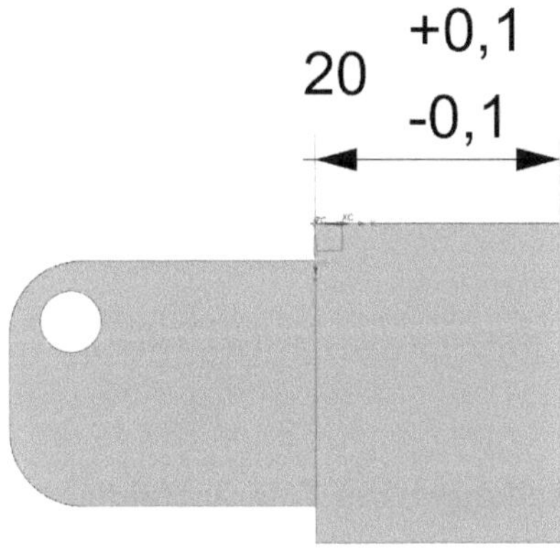

Bild 5.5: Platzierung der Maß- und Toleranzangabe

5. Mit dieser Einstellung können weitere Bemaßungen am Modell angebracht werden.
Sind andere Angaben notwendig, so sind diese entsprechend auszuwählen.

6. Mit der mittleren Maustaste wird der Bemaßungsbefehl beendet.

5.1.1 Passungen

Auch das Erzeugen von Passungen ist im PMI-Modus möglich. Hierzu sind im Dialogfenster der „Schnellbemaßung" alle benötigten Einstellungsoptionen zu finden. Sollte über die „Schnellbemaßung" eine Passung nicht wie gewünscht dargestellt werden können, muss das Maß und die dazugehörigen Passungsmaße im bestimmten Bemaßungsmodus erzeugt werden.

Im Folgenden wird das Beispiel einer Passungserzeugung an der Exzenterscheibe schrittweise dargestellt.

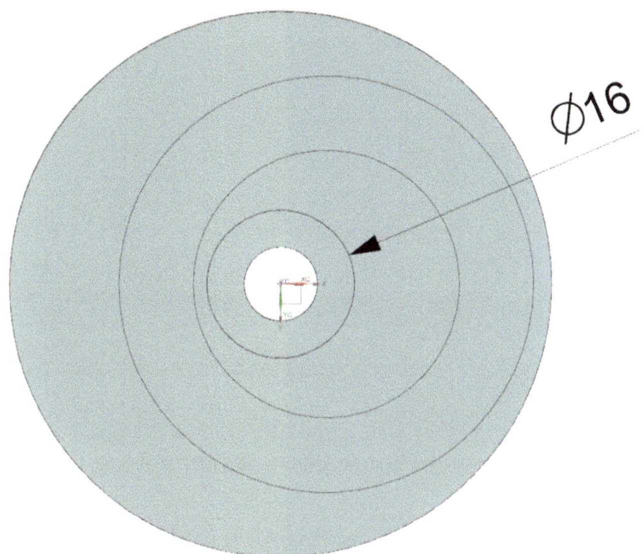

Bild 5.6: Passungsbemaßung an der Exzenterscheibe

1. **Unter Bemaßung die** *„Schnellbemaßung"* **wählen**
Befehl: ***„PMI"➜ Bemaßung"*** ➜ ***„Schnellbemaßung"***

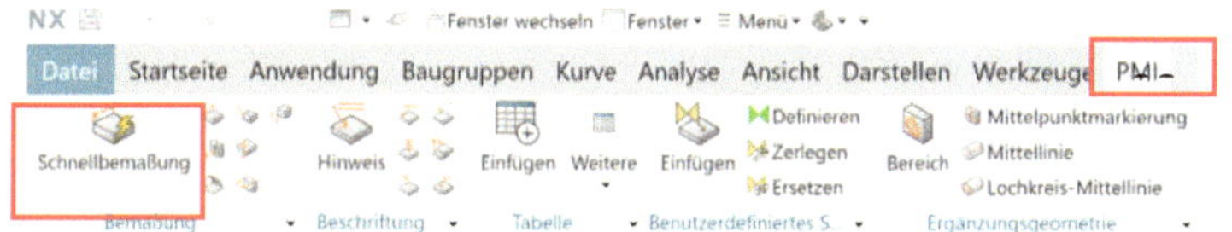

2. Die zu bemaßenden Kanten oder Flächen anwählen

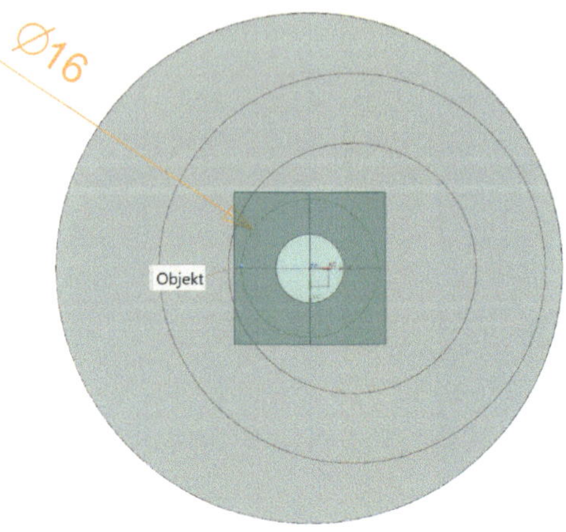

Bild 5.7: Auswahl Kante Passungsbemaßung

3. **Nachdem die zweite Kante (hier nur der Kreis) oder Flä-
    che selektiert wurde, öffnet sich das Dialogfenster „er-
    mittelte Bemaßung".**

Im Dialogfenster muss nun die Option „H7" ausgewählt
werden, unter welcher Begrenzungen und Einpassungen
erzeugt werden können.

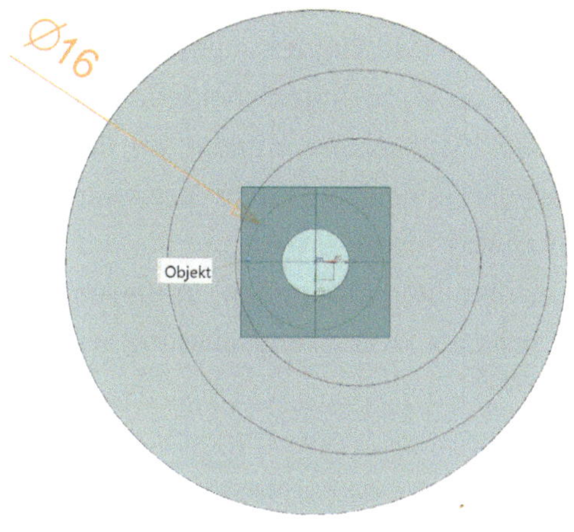

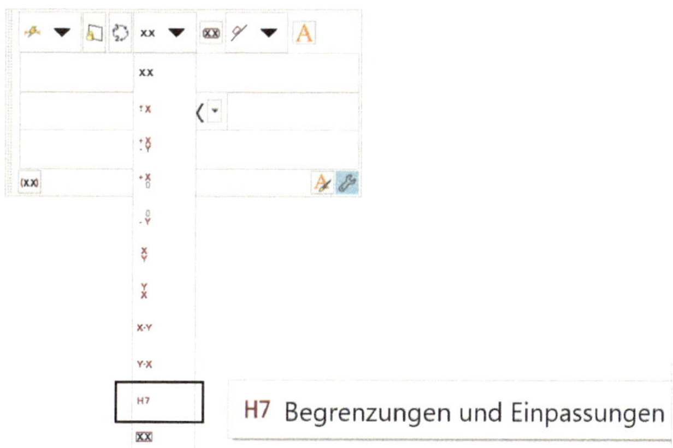

Bild 5.8: Dialogfeld „Ermittelte Bemaßung Passungsaus-wahl"

4. **Das Dialogfenster erweitert sich um die Optionen der „Begrenzungen und Einpassungen".**

Hier ist zunächst zu unterscheiden, welche Art der Begrenzung erzeugt werden soll. Für die jeweilige Option erweitert sich das Dialogfenster erneut um die notwendigen Bemaßungsangaben. In diesem 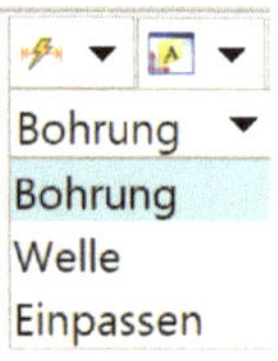 Beispiel soll eine F8-Bohrungspassung erzeugt werden.

Bild 5.9: Auswahlmenü Passbemaßung

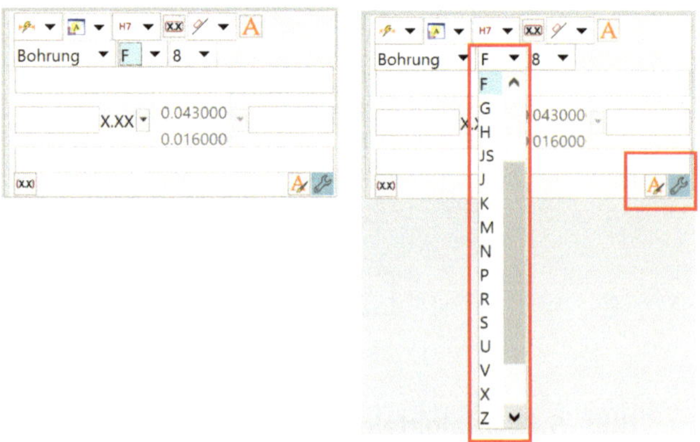

Bild 5.10: Festlegung Bohrungstoleranz

5. **Nach Eingabe der Toleranzwerte ist das Maß in der „Modellansicht" zu platzieren.**

6. **Mit dieser Einstellung können weitere Bemaßungen am Modell angebracht werden. Sind andere Angaben notwendig, so sind diese entsprechend auszuwählen.**

7. Mit der mittleren Maustaste wird der Bemaßungsbefehl beendet.

5.1.2 Form- und Lagetoleranzen (DIN EN ISO 1101)

Das Erstellen von Form und Lage-toleranzen nach DIN EN ISO 1101 ist im Rahmen der Detaillierung durch die PMI-Befehle „Be-zugselementsymbol", „Bezugsziel", „Toleranzrahmen" und „Hinweis" möglich. Beispiele für die Gestal-tung der Form-/Lagetolerierung sind in Bild 5.12 und Bild 5.13 dargestellt.

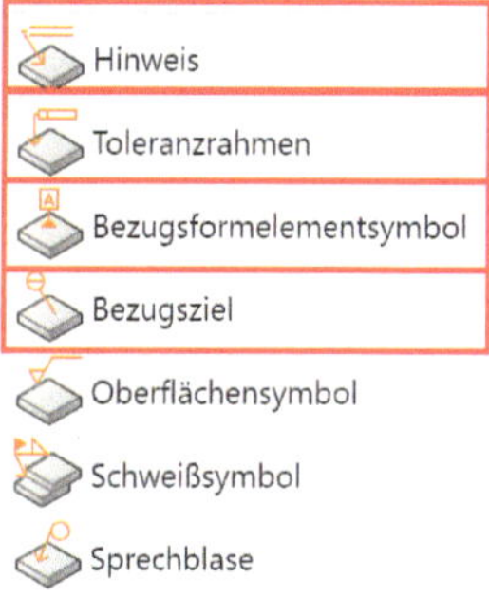

Bild 5.11: Bezugssymbol durch PMI Methodik

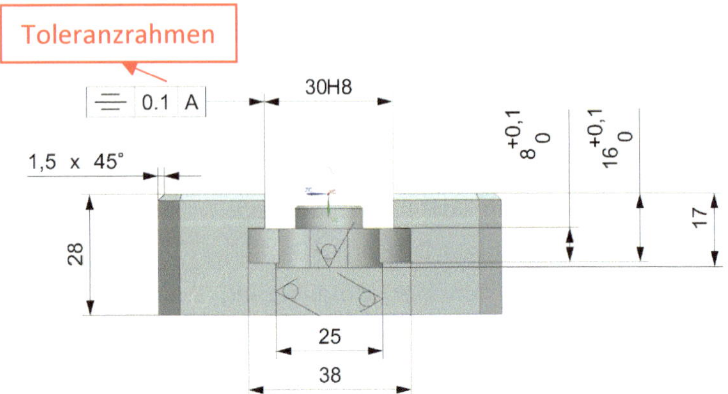

Bild 5.12: Erstellung Toleranzrahmen durch PMI-Beschriftung

Als Ergebnis ergibt sich in der isometrischen Ansicht folgende Darstellung:

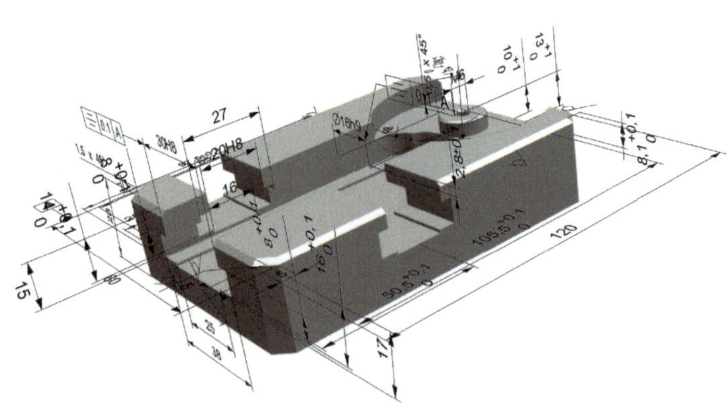

Bild 5.13: Isometrische Darstellung der PMI-Detaillierungen an der Grundplatte

Die Erzeugung eines „Toleranzrahmens" kann auf folgende Weise unter dem PMI-Menü erfolgen:

1. Aufrufen des Dialogfensters „Toleranzrahmen".

Der Befehl „Toleranzrahmen" dient dem Erstellen des Symbols für die Definition der Form- oder Lagetoleranz. Hierfür steht der Bereich „Form-/Lagertoleranzrahmen" zur Verfügung. Der Bereich „Text" erlaubt das Hinzufügen weiterer Texte und Symbole (siehe Abbildung).

Im Bereich „Übernehmen" ist es möglich, die Parameter von einem anderen Toleranzrahmen zu übernehmen.

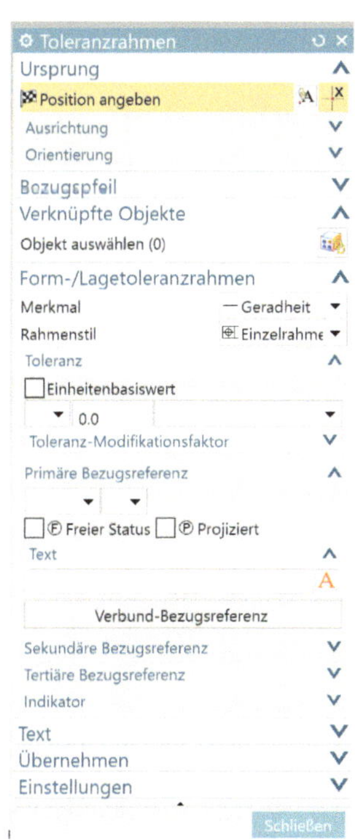

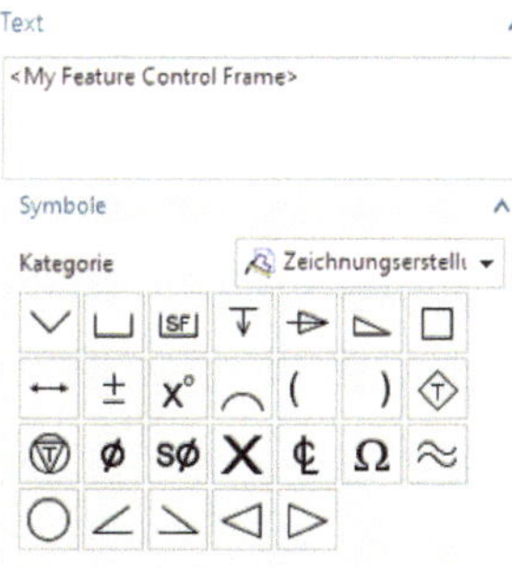

In Bild 5.14 ist ein Toleranzrahmen und ein Bezugselemte-symbol am Beispiel der Grundplatte dargestellt.

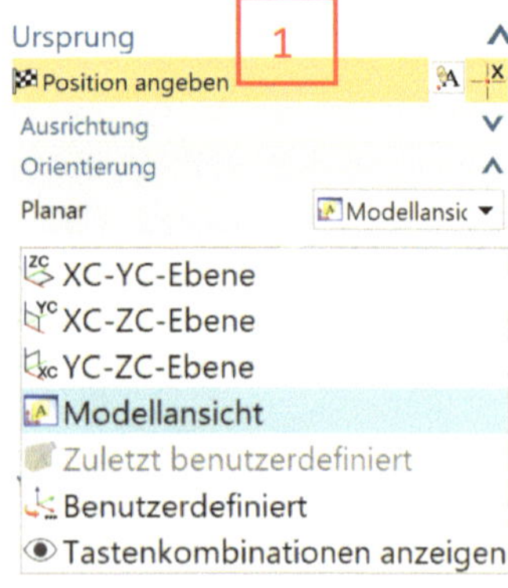

Bild 5.14: Definition Beschriftungsebene

Das Modell ist ein Beispiel für die Anwendung eines Bezugselementsymbols und eines Toleranzrahmens.

1. Beschriftungsebene definieren

Als Beschriftungsebene kann entweder eine bereits existierende Ebene eines Koordinatensystems oder eine benutzerdefinierte Ebene gewählt werden. Durch das Definieren der Beschriftungsebene ist es einfacher möglich, die Beschriftung an dem Ort abzulegen, an dem sie gewünscht ist.

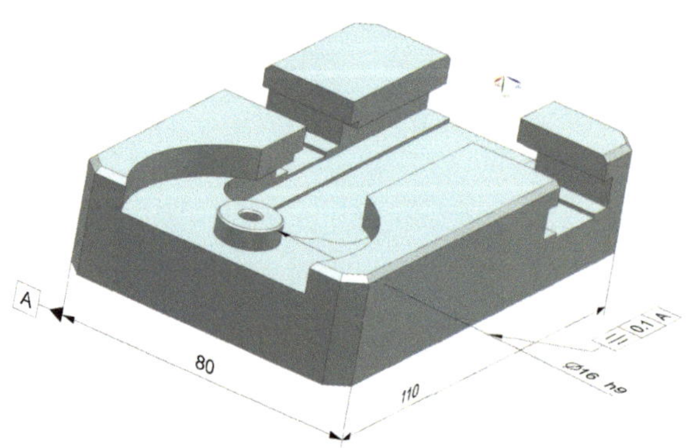

Unter „Benutzerdefiniert" kann das Koordinatensystem () bestimmt werden. Dazu wird im „KSYS"-Dialog im „Ermittelt"-Modus ( ) eine Referenzebene ausgewählt, auf der man dann die Beschriftung erzeugen kann. Diese Ebenen werden im Beispiel „rot" dargestellt.

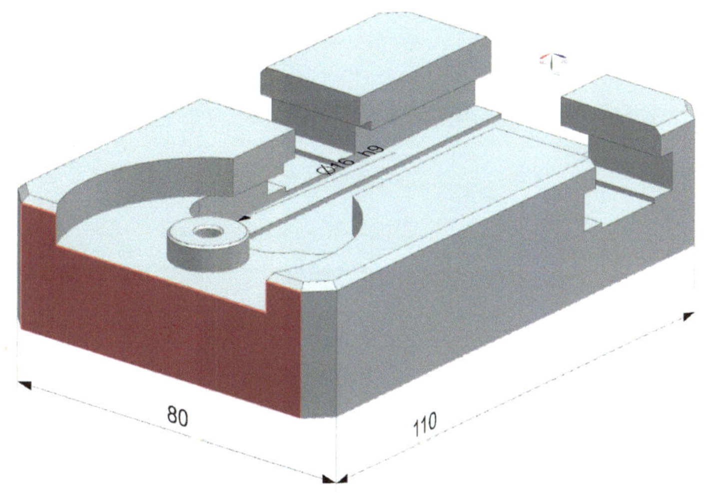

Bild 5.15: Definition Beschriftungsebene

2. Bezugslinie definieren und platzieren

Mit *„Endobjekt auswählen"* ist die Maßhilfslinie oder die Pfeilspitze für die Platzierung des Bezugspfeils (rot markiert) zu wählen. Daneben können noch Einstellungen für die Darstellung des Bezugspfeils getroffen werden.

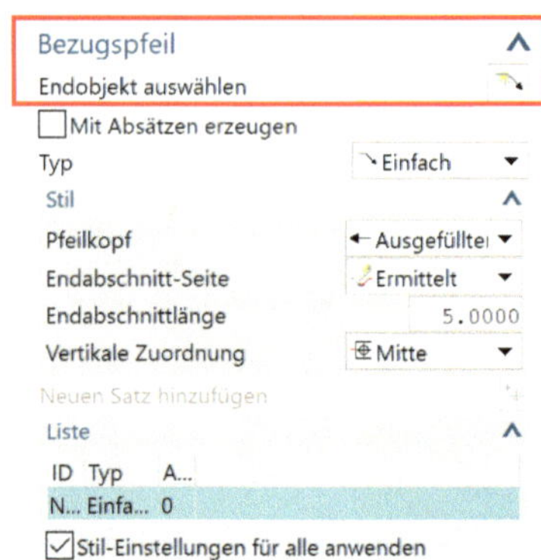

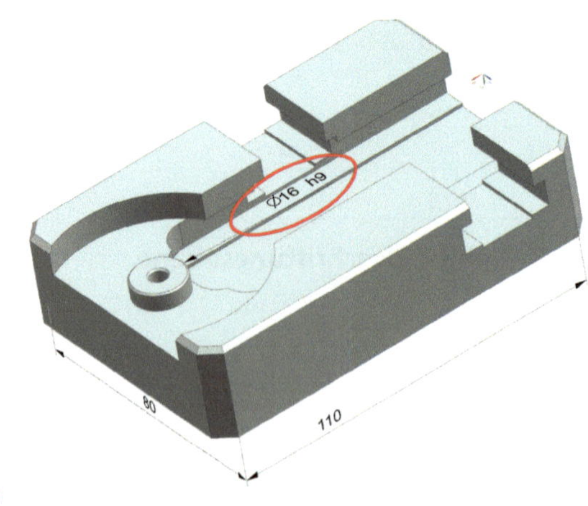

Bild 5.16: Erstellung Bezugspfeil PMI-Bemaßung

3. Verknüpfte Objekte definieren

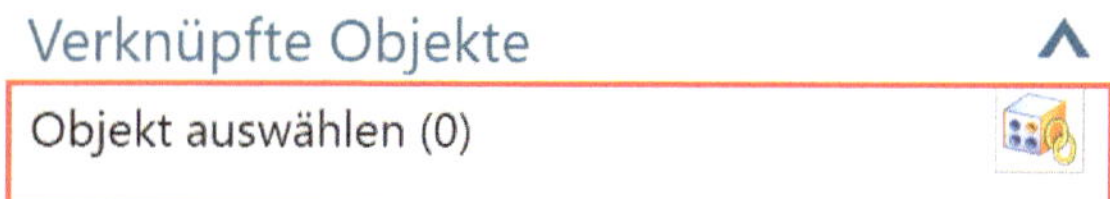

Damit das Symbol den Bezug zu den Flächen des Modells erhält, können entsprechende Flächen mittels „Verknüpfte Objekte" → „Objekte auswählen" bestimmt werden.

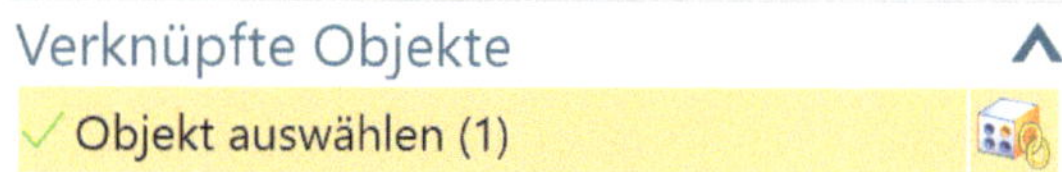

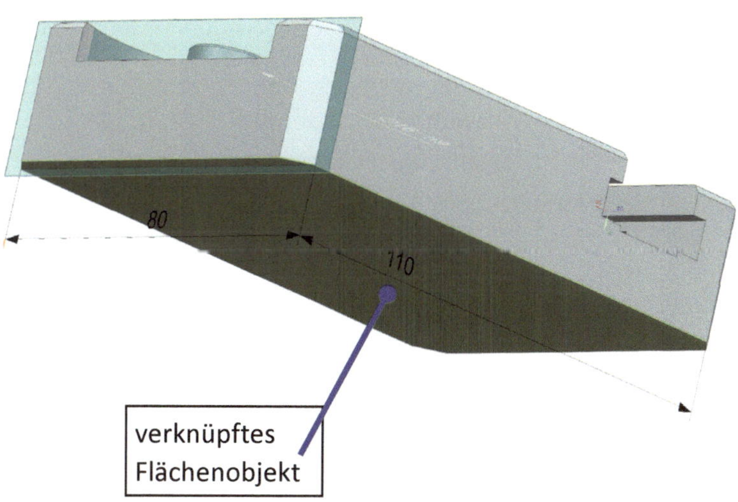

Bild 5.17: Verknüpfung Flächenobjekte PMI-Detaillierung Toleranzrahmen

4. Definieren des Toleranzrahmens und den Einträgen

a. Im Auswahlfeld *„Merkmal"* ist das Sinnbild der Toleranzart auszuwählen.

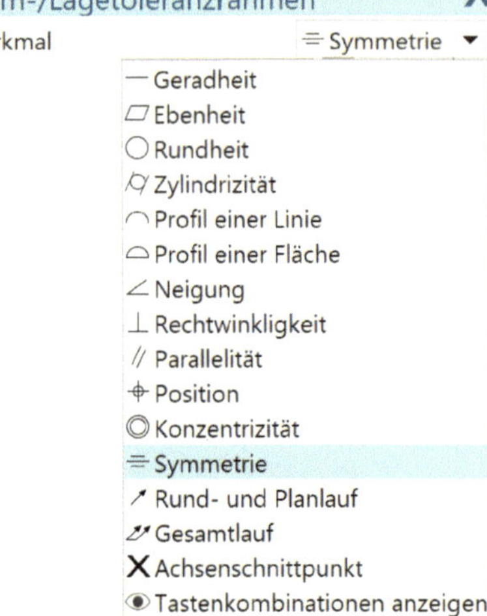

b. Im Auswahlfeld „Rahmenstil" besteht die Möglichkeit zwischen *„Einzelrahmen"* oder *„Zusammengesetzter Rahmen"* zu wählen. In den meisten Fällen ist der *„Einzelrahmen"* zu verwenden.

c. Im Bereich „Toleranz" sind alle Toleranzwerte, Toleranzbuchstaben, Material-Bedingungen und Freier-Status-Bedingung (Toleranz-Modifikationsfaktor) einzutragen. Es können bis zu drei Referenzbezüge angegeben werden.

d. Im Bereich „Text" können unterhalb des Eintrages „<My Feature Control Frame>" weitere Angaben wie Texte, Form- und Lagetoleranzsymbole, etc. eingetragen werden. Durch Auswahl der „Kategorie" stehen entsprechende Symbole zu Verfügung.

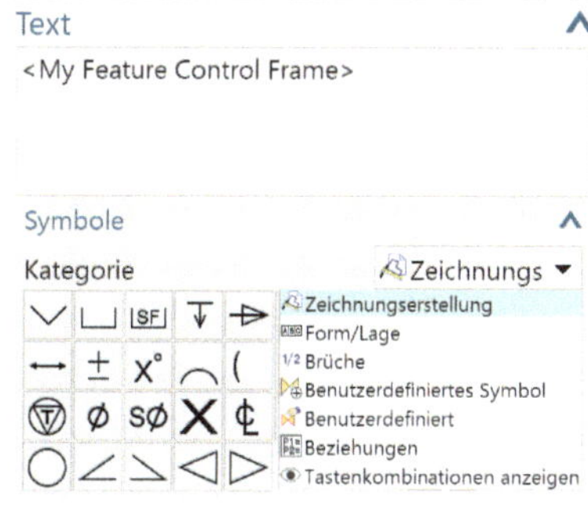

5. Gestaltung des Toleranzrahmens

Im Bereich „Einstellungen" besteht die Möglichkeit die Gestaltung des Symbols zu ändern. Durch die Grundeinstellungen ist dies in der Regel nicht notwendig.

6. Platzieren des Symbols

Das Symbol in die gewünschte Position bringen und durch einen Klick mit der linken Maustaste das Symbol an dieser Stelle platzieren (Bild 5.17).

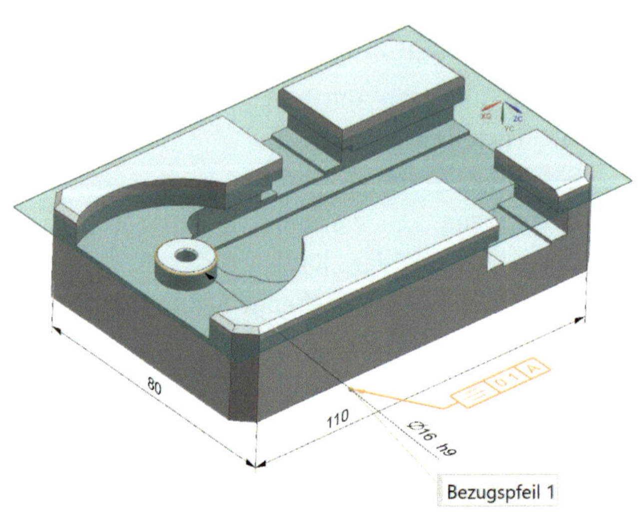

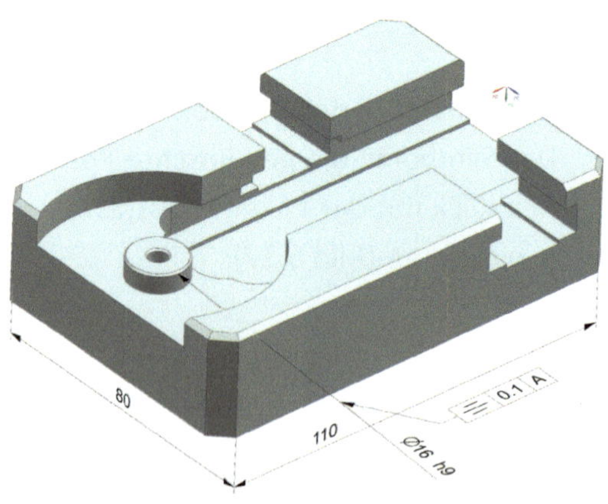

Bild 5.18: Gestaltung und Platzierung Toleranzrahmen

Nun können weitere Toleranzrahmen erzeugt oder mit dem Befehl *„Schließen"* der Dialog beendet werden.

Erzeugen eines „Bezugselementsymbols"

1. Aufrufen des Dialogfensters
Befehl *„PMI"* ➜ *„Bezugsformelelementsymbol"*

„Bezugselementsymbol" wird auch zum Erstellen des Symbols für die Definition der Form- oder Lagetoleranz benötigt.

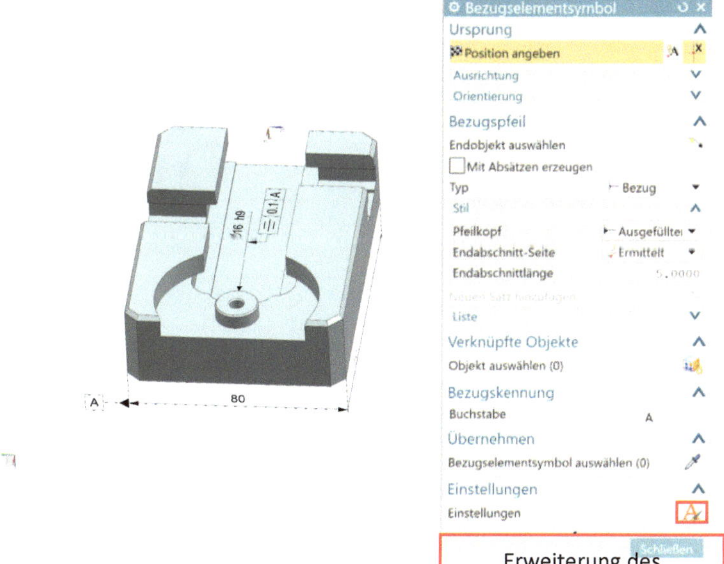

Bild 5.19: Registerkarte Bezugselementsymbol

2. Beschriftungsebene definieren

Als Beschriftungsebene kann entweder eine bereits existierende Ebene eines Koordi-
natensystems oder eine
benutzerdefinierte Ebene
gewählt werden. Durch das Definieren der Beschriftungsebene
ist es einfacher möglich, die Beschriftung an dem Ort abzulegen, an dem sie gewünscht ist.

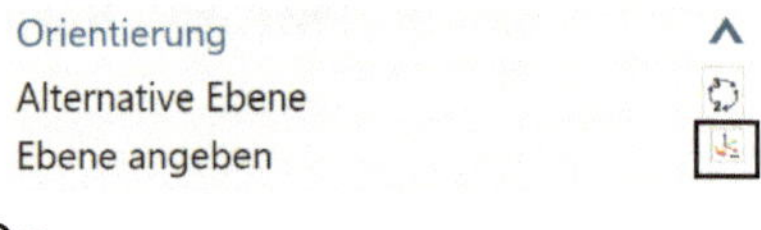

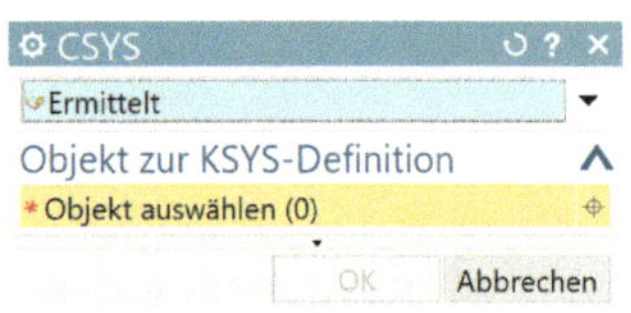

Jetzt muss das Ko-
ordinatensystem
bestimmt werden.
Dazu wird im
„KSYS"-Dialog und
dort im „Ermittelt"-
Modus eine Ebene
ausgewählt, auf der
dann die Beschrif-
tung erzeugt wird. Diese Ebene ist im Beispiel „rot"
dargestellt.

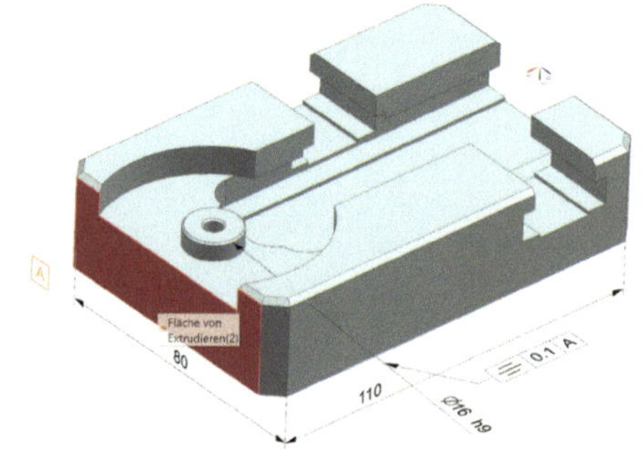

Im Anschluss ist im Dialogfenster „CSYS" mittels „OK" der
Vorgang abzuschließen.

3. Bezugslinie definieren und platzieren

4. Mit *„Endobjekt auswählen"* ist die Maßhilfslinie oder die
   Pfeilspitze für die Platzierung des Bezugspfeils (rot markiert) zu wählen. An diesem Punkt wird die Bezugslinie fixiert.

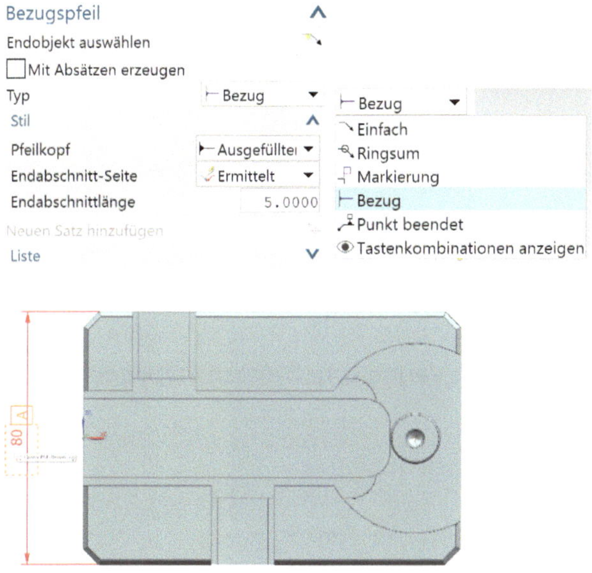

Bild 5.20: Bezugslinie am Bauteil platzieren

5. Verknüpfte Objekte definieren

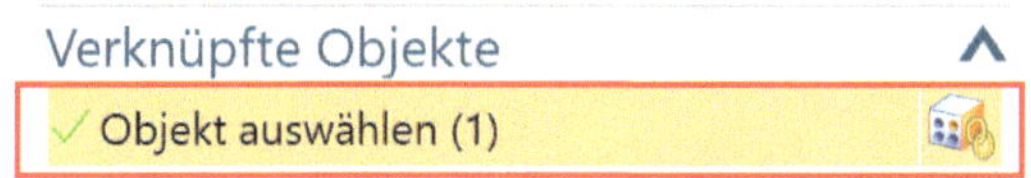

Damit das Symbol den Bezug zu den Flächen des Modells erhält, können entsprechende Flächen mittels „Verknüpfte Objekte" → „Objekte auswählen" bestimmt werden.

Wenn keine weiteren Objekte ausgewählt werden, bleibt der Bezug auf die anliegenden Linien beschränkt.

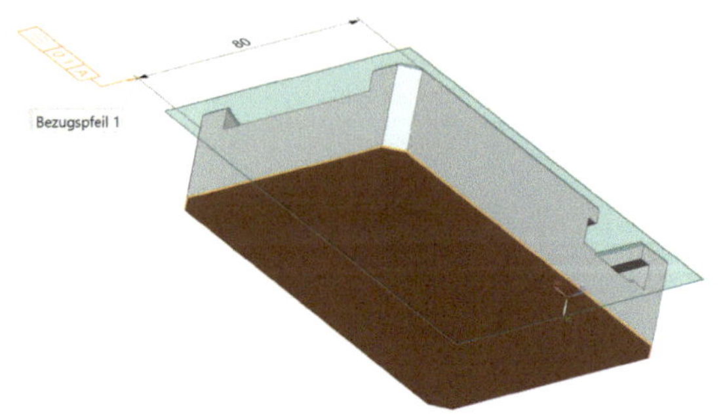

Bild 5.21: Verknüpfte Objekte festlegen

6. Bezugskennung

Unter der „Bezugs-
nung" muss nun ein
stabe als Kennung gewählt werden. Nun können weitere Bezugssymbole erzeugt oder mit dem Befehl *„Schließen"* der
Dialog beendet werden.

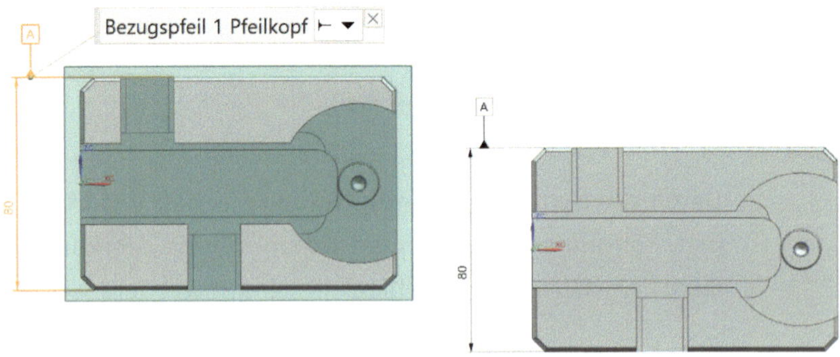

Bild 5.22: Festlegung der Bezugskennung

5.1.3 Hinweis 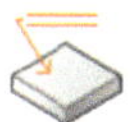

Die Beschriftungsart „Hinweis" wird genutzt, um Notizen und Beschriftungen zu erstellen und zu bearbeiten. Eine Notiz besteht aus Text, während eine Beschriftung aus Text mit einer oder mehreren Führungslinien besteht. Der Text kann anhand von Ausdrücken, Teilattributen und Objektattributen importiert werden und Symbole enthalten, die aus Steuerzeichenfolgen oder benutzerdefinierten Symbolen gebildet werden.

Die Positionierung des Hinweises erfolgt gleich der anderen Beschriftungsarten.

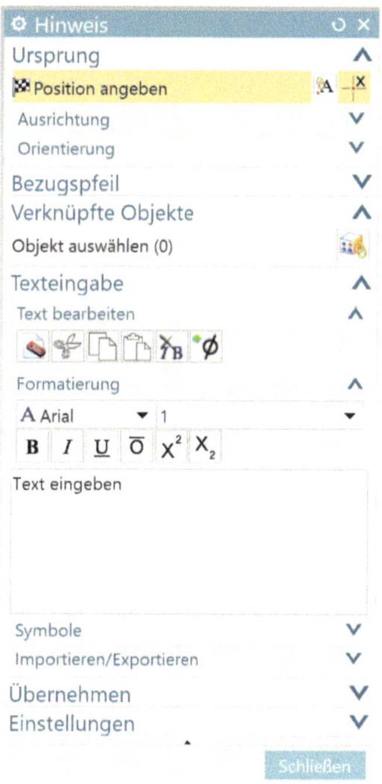

Der Hinweis kann auch als eine „vereinfachte Bemaßung" (DIN 6780) genutzt werden. Hierfür wird im Folgenden das Beispiel einer Gewindebohrung gegeben (Alle anderen Eintragungsmöglichkeiten, wie eine vereinfachte Bemaßung an Gewindebohrungen, Sacklochbohrungen etc. sind auch der DIN 6780 zu entnehmen.):

1. Aufrufen des Dialogfensters „*Note*"

Befehl: *„PMI"* → *„Hinweis"*

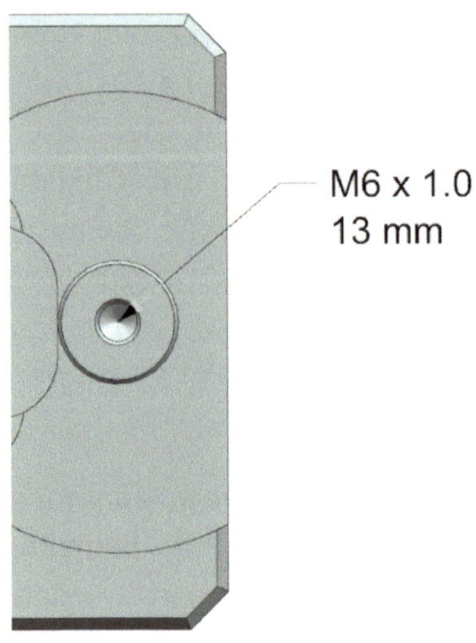

Bild 5.23: Erstellung eines Hinweistextes mit PMI

2. Beschriftungsebene definieren

Als Beschriftungsebene kann entweder eine bereits existierende Ebene eines Koordinatensystems oder eine benutzerdefinierte Ebene gewählt werden. Durch das Definieren der Beschriftungsebene ist es einfacher möglich, die Beschriftung an dem Ort abzulegen, an dem sie gewünscht ist.

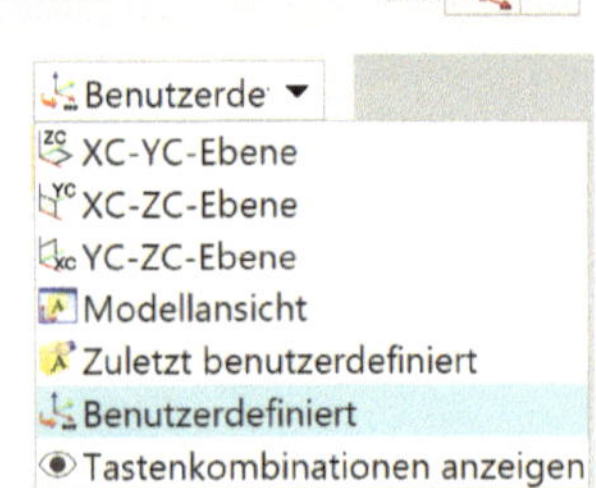

3. Bezugselement definieren

Mit *„Endobjekt auswählen"* ist die Maßhilfslinie oder die Pfeilspitze für die Platzierung des Bezugspfeils (rot markiert) zu wählen. An diesem Punkt wird die Bezugslinie fixiert.

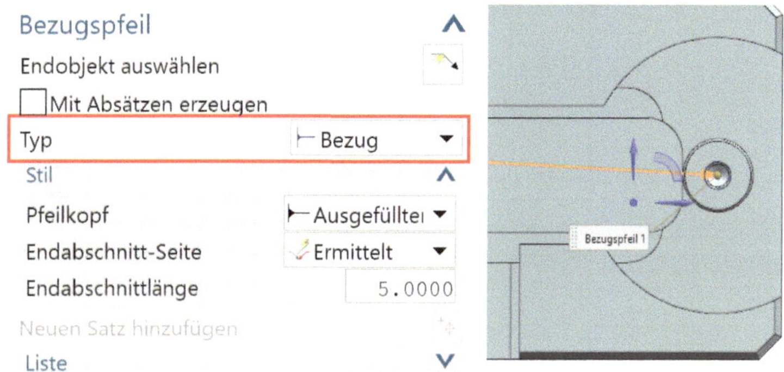

4. Assoziative Objekte definieren

Damit das Symbol den Bezug zu den Flächen des Mo-

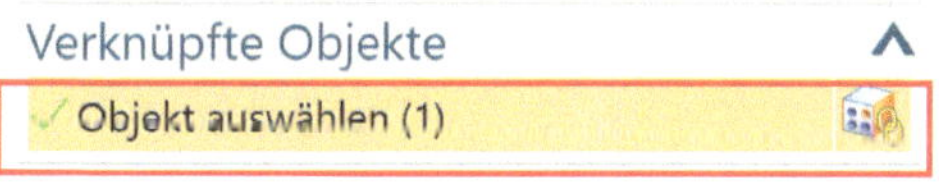

dell erhält, ist die Flächen mittels *„Verknüpfte Objekte"* → *„Objekte Auswählen"* auszuwählen.

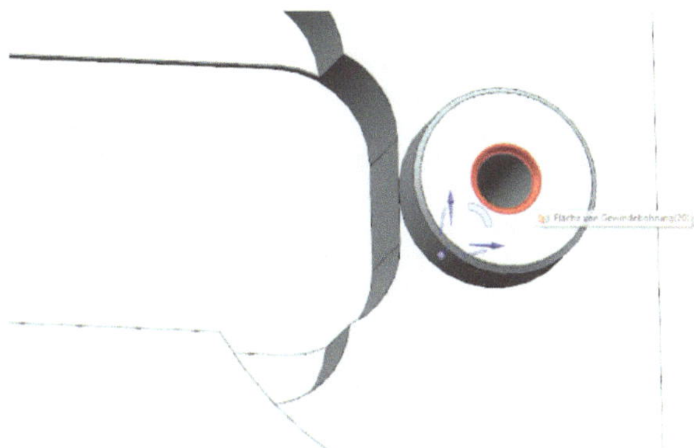

5. Definition der Texteinträge

Die entsprechenden Eintragungen mit den Modell-Parametern erfolgt im Eingabefenster des Dialogs „*Texteingabe*".

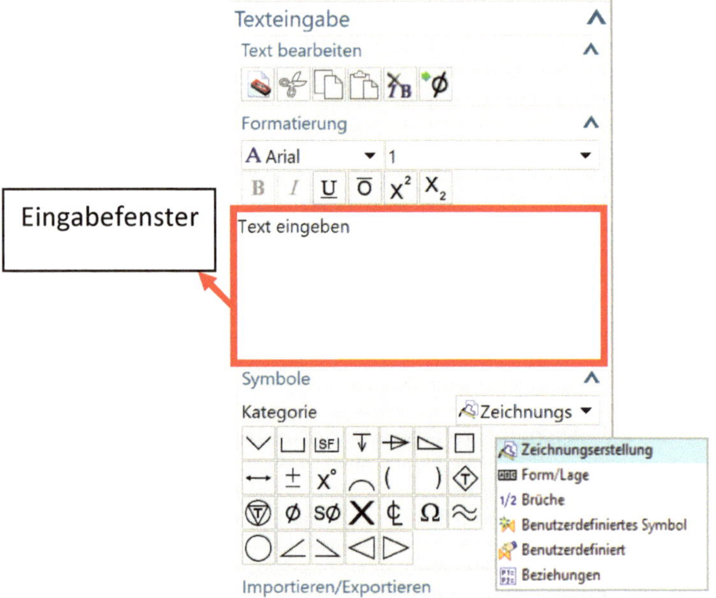

In den Kategorienoptionen werden die Sonderzeichen, Form- und Lagetoleranzsymbole und die Modell-Parameter in das Eingabefenster übergeben.

Die Kategorie „*Zeichnungserstellung*" beinhaltet folgende Symbole:

Bild 5.24: Symbole Bibliothek Zeichnungserstellung

Die Kategorie *„Form/Lage"* (Form-/Lagetoleranzen) beinhaltet folgende Symbole:

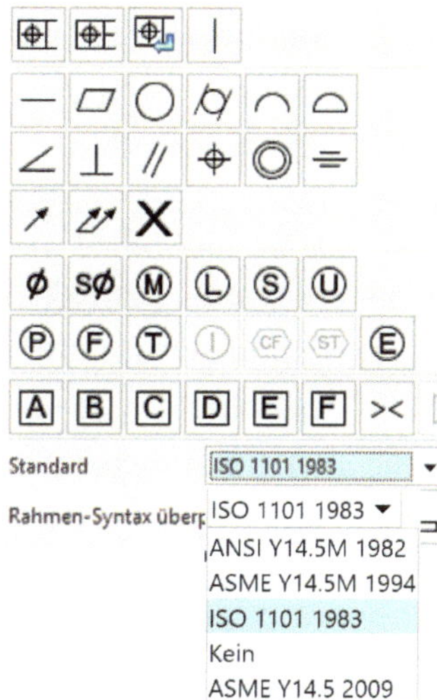

Die Kategorie *„Brüche"* umfasst folgende Eingabemöglichkeiten:

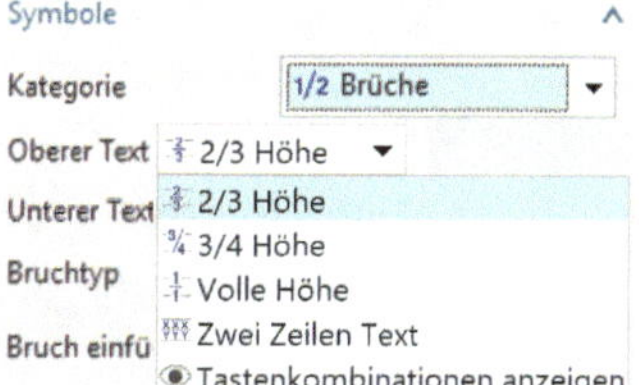

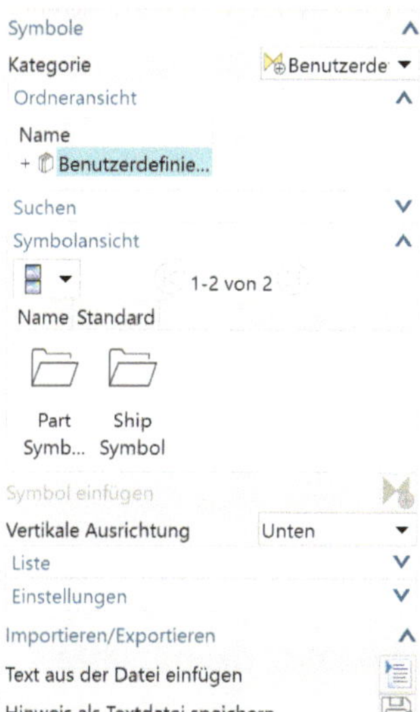

Die Kategorie „Benutzerdefiniertes Symbol" beinhaltet alle Symbole der „Benutzerdefinierten Symbolbibliothek".

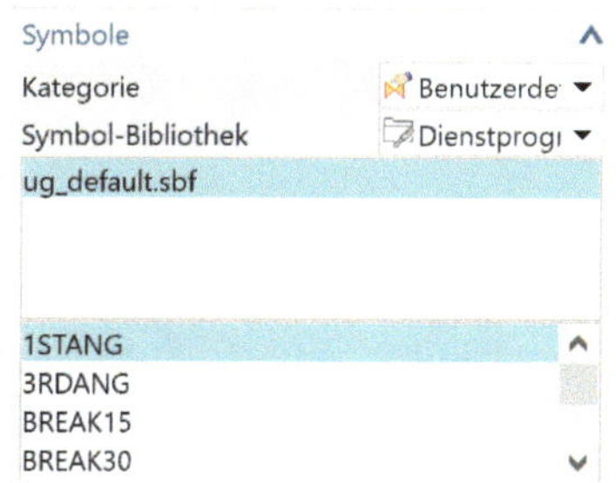

Zur Kategorie *„Benutzerdefiniert"* zählen alle vom User erzeugten Symbole. Diese sind entsprechend aufgelistet und somit auswählbar.

Die Kategorie *„Beziehungen"* ermöglicht die Modellpararmeter auszuwählen und in das 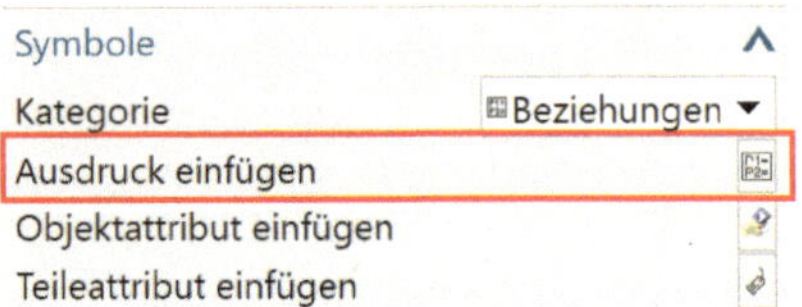 Eingabefenster zu übertragen. Für das Beispiel der Gewindebohrung sind die Eintragungen gemäß den untenstehenden Schritten vorzunehmen. Gewindebohrung: M 6x1.0 (6 mm Gewindedurchmesser, 1 mm Steigung, 13 mm tief). Die Sonderzeichen (wie z. B. ø oder °) sind überwiegend mit der Kategorie *„Zeichnungserstellung"* abgedeckt.

Um die Modell-Parameter abgreifen zu können, muss in die Kategorie *„Beziehungen"* gewechselt werden. In dieser Kategorie ist mittels *„Ausdruck einfügen"* das Dialogfenster *„Ausdruck"* zu öffnen. Hier werden dann alle Parameter des Modells aufgelistet.

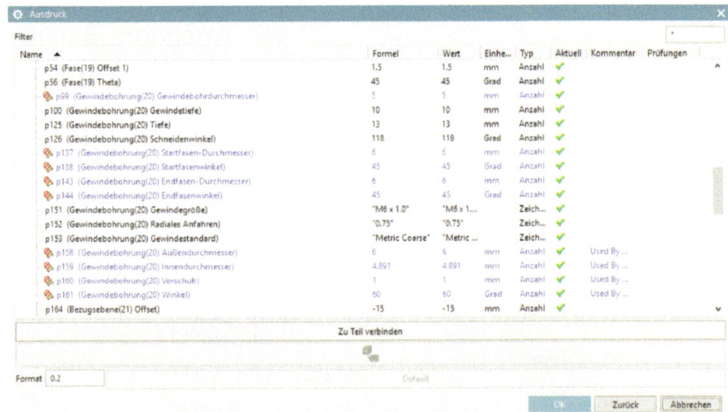

Name ▲	Formel	Wert	Einhe...	Typ	Aktuell	Kommentar	Prüfungen
p54 (Fase(19) Offset 1)	1.5	1.5	mm	Anzahl	✓		
p56 (Fase(19) Theta)	45	45	Grad	Anzahl	✓		
p99 (Gewindebohrung(20) Gewindebohrdurchmesser)	5	5	mm	Anzahl	✓		
p100 (Gewindebohrung(20) Gewindetiefe)	10	10	mm	Anzahl	✓		
p125 (Gewindebohrung(20) Tiefe)	13	13	mm	Anzahl	✓		
p126 (Gewindebohrung(20) Schneidenwinkel)	118	118	Grad	Anzahl	✓		
p137 (Gewindebohrung(20) Startfasen-Durchmesser)	6	6	mm	Anzahl	✓		
p138 (Gewindebohrung(20) Startfasenwinkel)	45	45	Grad	Anzahl	✓		
p143 (Gewindebohrung(20) Endfasen-Durchmesser)	6	6	mm	Anzahl	✓		
p144 (Gewindebohrung(20) Endfasenwinkel)	45	45	Grad	Anzahl	✓		
p151 (Gewindebohrung(20) Gewindegröße)	"M6 x 1.0"	"M6 x 1...		Zeich...	✓		
p152 (Gewindebohrung(20) Radiales Anfahren)	"0.75"	"0.75"		Zeich...	✓		
p153 (Gewindebohrung(20) Gewindestandard)	"Metric Coarse"	"Metric ...		Zeich...	✓		
p158 (Gewindebohrung(20) Außendurchmesser)	6	6	mm	Anzahl	✓	Used By ...	
p159 (Gewindebohrung(20) Innendurchmesser)	4.891	4.891	mm	Anzahl	✓	Used By ...	
p160 (Gewindebohrung(20) Vorschub)	1	1	mm	Anzahl	✓	Used By ...	
p161 (Gewindebohrung(20) Winkel)	60	60	Grad	Anzahl	✓	Used By ...	
p164 (Bezugsebene(21) Offset)	-15	-15	mm	Anzahl	✓		

Bild 5.25: Ausdrücke für das Bauteil Grundplatte

Zur Verdeutlichung wird der Feature-Baum des Modells hier einmal dargestellt.

Im Modell ist die Gewindebohrung in der Formelementgruppe 34 unter „Gewindebohrung (20)" zu finden.

Alle Parameter, die zu diesem Feature gehören, sind im Dialog „Ausdruck" mit dem Zusatz „Gewindebohrung (20)" versehen.

Bild 5.26: Parameter des Feature „Gewindebohrung"

Für die Angabe ist die „Gewindebohrung" (Gewindegröße) zu selektieren. Dabei ist eine mehrfache Auswahl von Parametern nicht möglich.

Somit ist der Vorgang mit „OK" zu beenden.

Daraufhin erscheint im Eingabefenster die Eintragung:

<X0.2@p151>

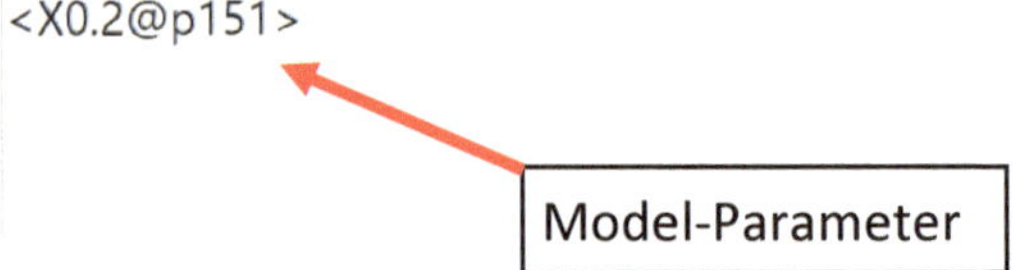

Bild 5.27: Dialogfenster Eintragung Gewindebohrung

Erläuterung der Syntax:

Das „<X0.2@p151>" ist die Zeichenfolge des ausgewählten Parameters, wobei „X0.2" die Darstellung der Nachkommastelle (2 = zwei Stellen nach dem Komma) und „p151" den Modell-Parameter darstellt.

Wenn für den „Hinweis" noch weitere Anmerkungen angefügt werden sollen, dann können sie vor oder nach der Zeichenfolge des Parameters eingefügt werden. Dies können sowohl Symbole als auch weitere Beziehungen sein.

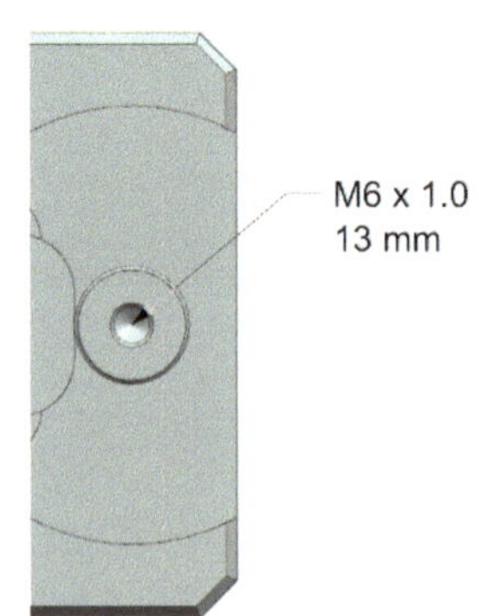

In folgendem Beispiel soll noch die Bohrungstiefe angezeigt werden. Dies wird auch über die Be-

p125 (Gewindebohrung(20) Tiefe)	13	13	mm

ziehung generiert.

Durch die Beendung des Vorgangs mit „OK" wird der zweite Modellparameter hinzugefügt.

Die beiden Modellparameter können durch ein Leerzeichen voneinander getrennt werden. Geschieht das nicht, werden die beiden Parameter direkt hintereinander abgebildet. In diesem Beispiel wird der zweite Parameter durch einen Bindestrich getrennt.

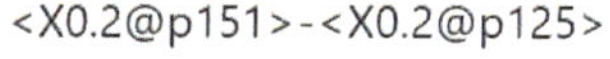

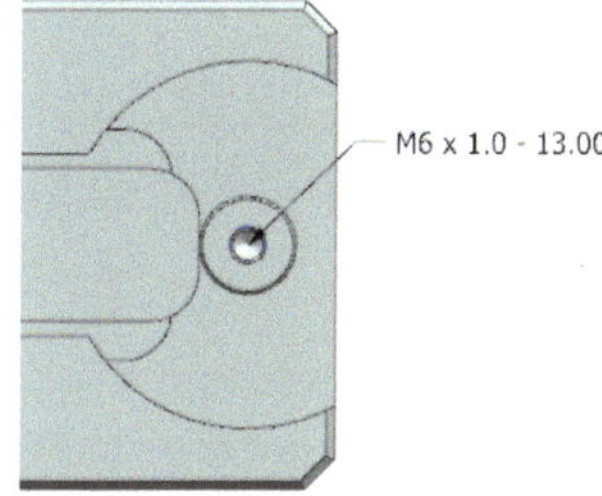

Diese beiden Modellparameter können auch in verschiedenen Zeilen angeordnet und so getrennt werden. Dazu muss der zweite Parameter im Eingabefenster in die nächste Zeile geschrieben werden.

Hier kann zur weiteren Verdeutlichung dem zweiten Parameter ebenfalls die Einheit „mm" hinzufügen. Damit ergibt sich eine neue Darstellung des Hinweises.

<X0.2@p151> <X0.2@p125>

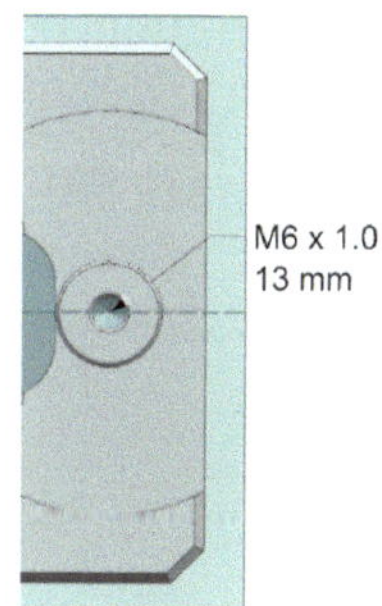

5.1.4 Bezugsformelementsymbol 

Über den Befehl „Bezugsziel" können dem Bauteil Bezugsziel-symbole hinzugefügt werden, um bezugsspezifisch einen Punkt/Linie/Bereich des Bauteils zu kennzeichnen.

Das Bezugsziel-Symbol ist ein Kreis, der in eine obere und eine untere Hälfte unterteilt ist. Die untere Hälfte des Kreises enthält einen Bezugsbuchstaben und eine Bezugszielnummer.

Für Bezugsziele des Bereichstyps können Kennungen in der oberen Hälfte des Symbols platziert werden, um Zielbereichsform und -größe anzuzeigen.

5.2 Oberflächensymbol (DIN EN ISO 1302) 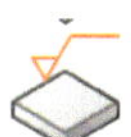

Der Ablauf zur Erzeugung eines „Oberflächensymbols" entspricht zu weiten Teilen der Vorgehensweise der anderen Beschriftungen. Zunächst muss das Dialogfenster aufgerufen werden.

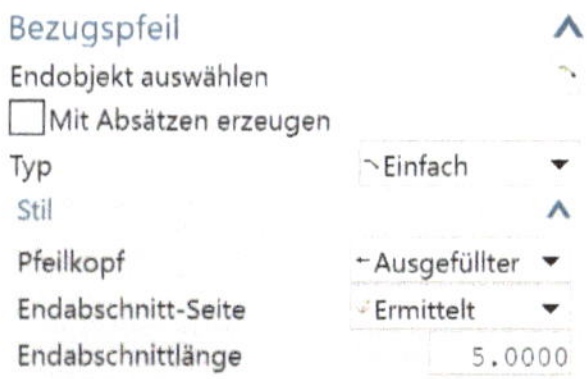

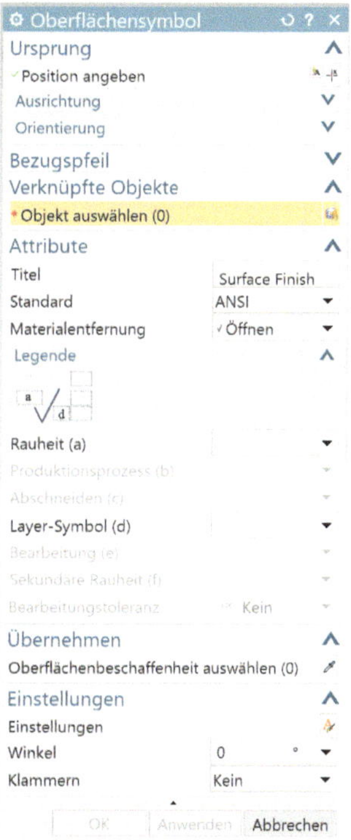

Dann kann im Bereich „Ursprung" unter „Orientierung" die Beschriftungsebene festgelegt werden. Daraufhin muss der Bezugspfeil definiert und dazu das „Endobjekt" gewählt werden, welches mit dem Oberflächensymbol versehen werden soll.

Damit das Symbol den Bezug zu den Flächen des Modells erhält, sind die Flächen mittels „Verknüpfte Objekte" („Objekte auswählen") zu bestimmen.

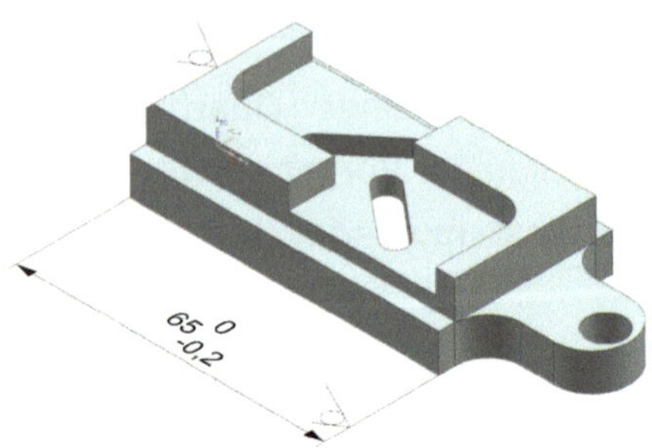

Bild 5.28: Ergebnis Oberflächensymbol

Nun können die „Attribute" des Symbols festgelegt werden, indem die Einträge für die Oberflächenbeschaffenheit definiert werden. Neben einem „Titel" und dem gewählten „Standard" können auch die verschiedenen Optionen der „Materialentfernung" ausgewählt werden.

In der „Legende" wird das entsprechende Symbol der „Materialentfernung" abgebildet und mit kleinen Buchstaben versehen, um so die Beschriftung zu vereinfachen.

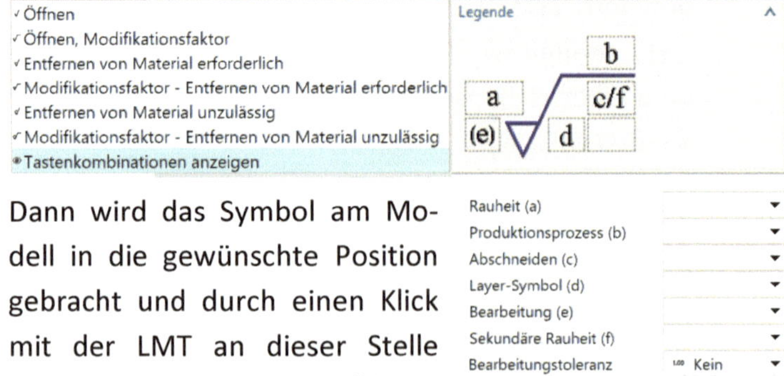

Dann wird das Symbol am Modell in die gewünschte Position gebracht und durch einen Klick mit der LMT an dieser Stelle platziert. Mit „Anwenden" kann dieser Vorgang beendet und weitere Oberflächenangaben erzeugt werden. Mit „OK" wird dieser Vorgang beendet.

5.3 Schweißsymbol 

Über den Befehl „Schweißsymbol" können verschiedene Schweißsymbole sowohl nach den metrischen als auch angelsächsischen Normen an Bauteilen und Zeichnungen erzeugt werden.

Schweißsymbole sind assoziativ und ändern ihre Position, wenn sich das Modell ändert oder als veraltet gekennzeichnet wird. Es können Schweißsymboleigenschaften wie Textgröße, Schriftart, Maßstab und Pfeilbemaßungen, bearbeitet werden.

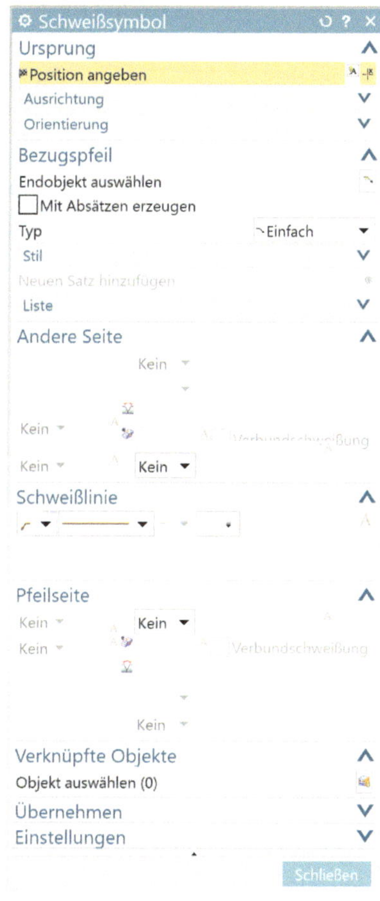

Am Modell einer einfachen Winkelbaugruppe soll im Folgenden gezeigt werden, wie für bestehende Schweißnähte eine PMI-Bemaßung erzeugt werden kann.

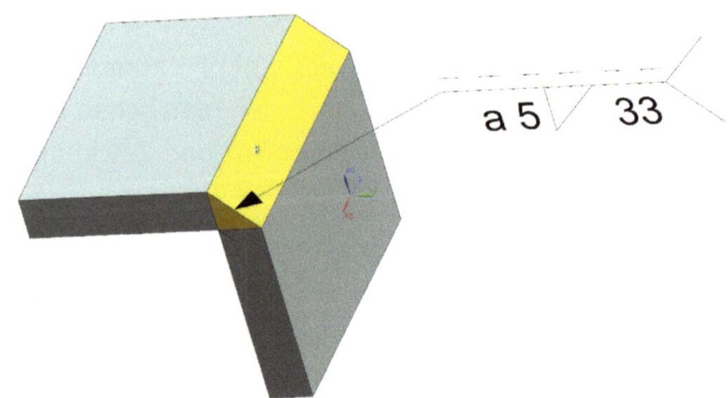

Bild 5.29: Geschweißte Winkelbaugruppe

Die Definition des Ursprungs und des Bezugspfeils folgt dem gängigen Muster. Hier ist jedoch zusätzlich auszuwählen, welchen Typ („Einfach"/„Ringsum") der Bezugspfeil darstellen soll. Dies bezeichnet den entsprechenden Schweißnahttyp.

Nun werden im Bereich „Andere Seite" Informationen der Schweißnaht hinzugefügt.

Zunächst einmal muss das Schweiß-symbol ausgewählt werden. Hier kann die „Schlichtmethode" für das Schweißsymbol ausgewählt werden, welche dann als Buchstabe über dem Schweißsymbol eingefügt wird. Bei der Standardauswahl „Kein" wird kein Symbol/Buchstabe angezeigt.

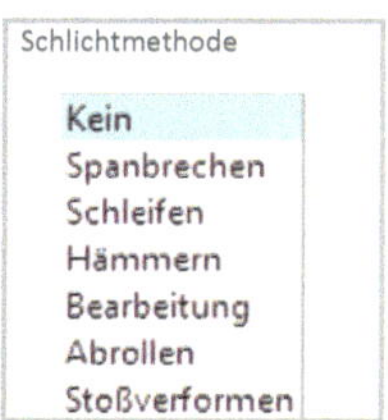

Danach wird die „Kontur" der Schweißnaht definiert. Diese Kontur kann konvex, eben, konkav usw. sein. Auch hier ist die Standardauswahl „Kein" ohne weiteres Symbol.

Der „Einstich- oder Kegelsenkungswinkel" ermöglicht das Festlegen des Winkelwerts für das Schweißsymbol.

Die „Anzahl der Schweißungen" oder „Root-Öffnung" oder „Tiefe der Schweißung" legt für das Schweißsymbol einen Wert für die Anzahl der Schweißungen, die Stammöffnung oder die Tiefe der Schweißung fest. Die Werte können durch den Beschriftungseditor weiter definiert werden.

Auch kann hier die Option der „Verbundschwei-ßung" ausgewählt werden. Diese Verbundschwei-ßung fügt der Oberseite eines Quadrats, einer Stegnaht bzw. einer J-Naht, ein Kehlnahtsymbol oder eine Bördelstegnaht-Schweißung hinzu.

Der Buchstabencode wird für die Größe der Schweißung (Bemaßung) für das primäre Schweißungssymbol angezeigt.

Die Schweißlinie kann in fünf Bereichen bearbeitet werden:

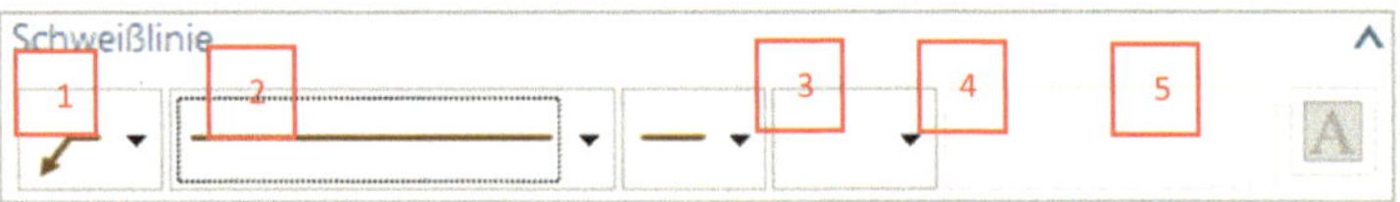

Bild 5.30: Bemaßungsinformationen Schweißsymbol

1. Angabe über ein einfaches oder ein Hauptfeldsymbol

2. Optionen der ID-Linie

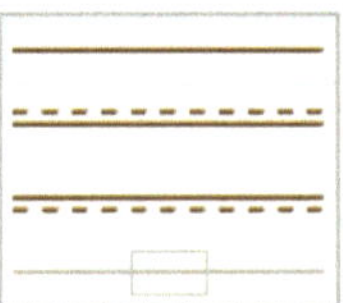

3. Optionen für schrittweise Beschriftungssymbole für das Schweißsymbol

4. Optionen für das Ende der Schweißung für die Referenzlinie

5. Festlegen der Spezifikationsdetails für das Schweißsymbol

Für die „Pfeilseite" stehen dieselben Einstellungsmöglichkeiten wie bei der „Anderen Seite" zur Auswahl. Hier werden viele doppelte Symbole auf der entgegengesetzten Seite umgekehrt angezeigt.

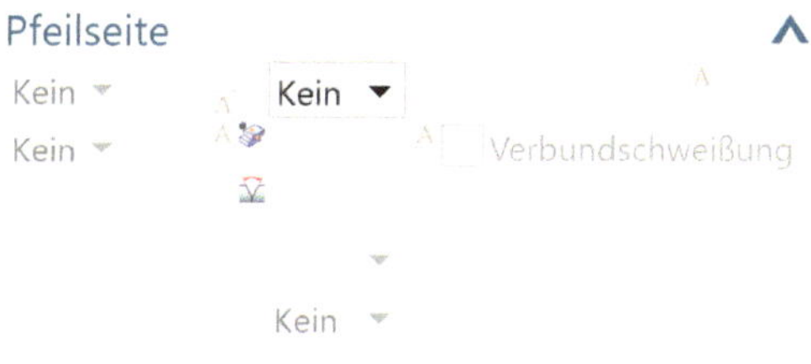

Die Optionen bei „Verknüpfte Objekte", „Übernehmen" und „Einstellungen" entsprechen ebenfalls den anderen PMI-Bemaßungen.

5.4 Sprechblase oder Texthinweis 

Durch die Verwendung des Befehls „Hinweis" kann auf andere Informationen verwiesen werden, die in einem anderen Abschnitt des Modells dokumentiert sind. Teilelisten, Bohrungsdiagramme und Formate verwenden zum Beispiel häufig Positionsnummern, um direkt auf Geometrie in dem Teil zu verweisen, dessen Inhalt sich in einem erweiterten Format in einer Tabelle befindet.

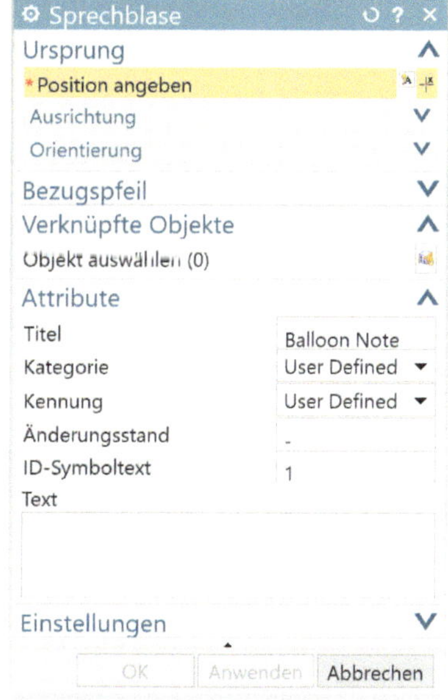

Bild 5.31: Beschreibung eines Texthinweises

5.5 Prüfmaße / Wareneingangsprüfvorgaben

Diverse Fertigungsteile werden eingekauft. Damit im Wareneingang spezifische Angaben auf Korrektheit überprüft werden können, müssen diese Maß- und Textangaben als solche gekennzeichnet werden.

Generell erfolgt die Erstellung der Maße wie im Kapitel „Toleranzen" beschrieben. Bevor der Bemaßungsbefehl mit der MMT abgeschlossen wird,

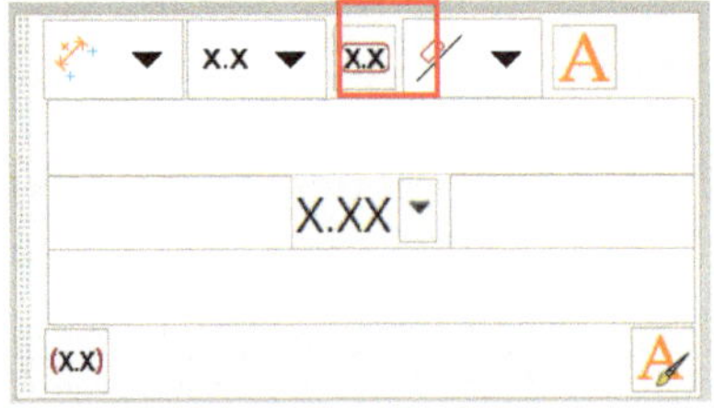

muss im Dialogfenster das Symbol zur Erstellung eines Prüfmaßes angewählt werden.

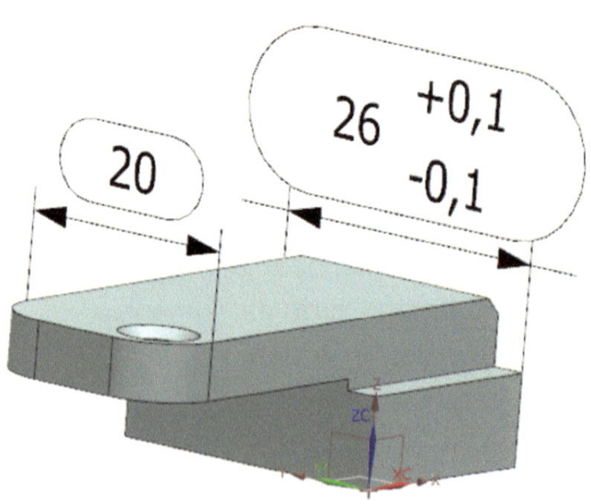

Bild 5.32: Definition von Prüfmaßen am Bauteil Schieber

6 Datentransport und Visualisierung

6.1 Einführung in den Datentransport und Verteilung mit 3D Viewing Daten

Nachdem in den vorangegangenen Kapiteln die zeichnungslose Detaillierung von 3D-Datensätzen anhand von verschiedenen Beispielen dargestellt worden ist, sollen nachfolgend Basiskenntnisse der digitalen Zusammenarbeit mit internen und externen Abteilungen oder Zulieferern auf Basis des 3D-Lightweight Viewing Formats JT (Jupiter Tessalation) gezeigt werden.

Das Datenformat JT (Jupiter Tessalation) stellt ein gemeinsames Datenformat zur Verfügung, das veröffentlicht für den Austausch von verschiedensten Informationen zwischen Zulieferer und Autor dient und das gemeinschaftliche Arbeiten an den Daten ermöglicht.

Die Initiative der Zusammenarbeit zwischen Zulieferern wird durch das Siemens PLM Software JT Open-Programm gefördert.

Als Datenaustauschformat werden JT-Daten häufig in Multi-CAD-Szenarien (mehrere CAD-Autorensysteme zur Erstellung der kundenabhängigen 3D-Modelle unter einem PLM-Konzept vereint) als universelle Schnittstelle angewendet. JT kann dabei als skalierbare, universelle Datenschnittstelle in heterogenen Umgebungen (mehrere Autorenwerkzeuge werden in einer benutzerdefinierten Umgebung verwendet) ausgeführt werden. Die Verschiedenartigkeit in der Anwendung kann das Ergebnis einer Zulieferer-Zusammenarbeit, Partner-Zusammenarbeit, der Programm- und der Datenübertragung zwischen CAD-Produkten usw. sein. Um dies zu berücksichtigen, unterstützt auch Siemens PLM Software in

© Springer Fachmedien Wiesbaden GmbH, ein Teil von Springer Nature 2020
T. Groß, *Technische Produktdokumentation*,
https://doi.org/10.1007/978-3-658-28267-7_6

vollem Umfang eine Multi-CAD-Strategie in einer Teamcenter-Umgebung und stellt begrenzte Unterstützung in der nativen NX-Anwendung dar.

Standortübergreifende Zusammenarbeit

Die Verwendung von NX-JT-Dateien in einer standortübergreifenden PLM-Systematik, bspw. über eine Teamcenter-Umgebung, bietet folgende Vorteile:

- Einfacher Datenaustausch zwischen mehreren Teamcenter-Standorten

- Bei Verwenden einer Briefcase-Datei zur Freigabe von Daten zwischen zwei UA-Standorten können Sie dazu einfach JT-Dokumente freigeben.

In NX können JT-Dateien aus anderen Systemen, z. B. Teamcenter Lifecycle Visualization, Teamcenter Integration oder anderen CAD-Systemen, geöffnet werden. Mithilfe von JT-Dateien können Sie auch Konstruktionsänderungen zwischen den Anwendungen Teamcenter Lifecycle Visualization, NX und der Teamcenter Integration übertragen.

6.2 Datenformat JT (Jupiter Tessalation)

Für das Erstellen einer JT-Datei gibt es in NX mehrere Methoden:

1. Bei jedem ausgeführten Speichervorgang des Modells kann in den Anwendereinstellungen in NX angegeben werden, ob ein JT-Element abgeleitet werden soll.

2. Unter der Befehlssammlung „Exportieren" befindet sich neben anderen Austauschformaten auch die Funktion „JT exportieren", die zum Erstellen einer JT-Datei im Dateisystem (native NX-Umgebung) angewendet werden kann.

3. Beim Exportieren vorhandener JT-Dateien aus der benannten Referenz des DirectModel-Datasets in Teamcenter.

4. Im PLM-Kontext ist die Verwendung von Konvertierungsdiensten, bspw. in Teamcenter, möglich. In Abhängigkeit der Konfiguration kann die automatische Erstellung von JT-Dateien in Teamcenter vollständig gesteuert werden.

Im Folgenden werden die ersten beiden Methoden der Erstellung von JT-Dateien mit NX näher erläutert.

JT-Dateierzeugung während des Speichervorgangs

Mit der Methode der JT-Dateierzeugung während des Speichervorgangs erzeugt NX bei jedem Speichern neben dem „NX-Native-Part File" auch automatisch eine „JT-Datei" und legt diese im gewählten Stammverzeichnis ab.

Diese Einstellung der automatischen Erzeugung ist über das folgende Menü zu aktivieren:

„Datei→ Speichern→ Speicheroptionen" durch ein Häkchen bei der Bezeichnung „JT-Daten speichern" (Bild 6.1).

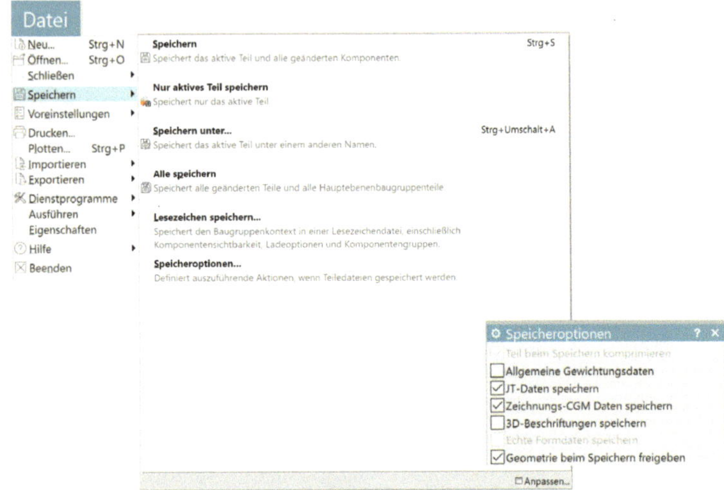

Bild 6.1: Einstellung Automatisierte Erstellung JT-Datei beim Speichervorgang des Part Files

So wird zu jeder normalen „Siemens Part File" ein „Direct-Model Document (JT)" erzeugt. Die Einstellung wird mit „Anwenden" und „OK" beendet.

6.3 Export JT-Datei aus NX

Die Exportfunktion zur Generierung einer Datei gehört ebenfalls zum Funktionsumfang des NX-Systems. Dabei bestehen, wie auch bei anderen Exportfunktionen, eine Reihe von Einstellungsoptionen, die sowohl den Inhalt der Dateien als auch den Speicherort näher definieren.

Diese Option ist über „Datei→Exportieren→JT" zu erreichen. Hier gibt es bei dem Speichervorgang noch diverse Einstellungsmöglichkeiten, die im Weiteren kurz angesprochen werden.

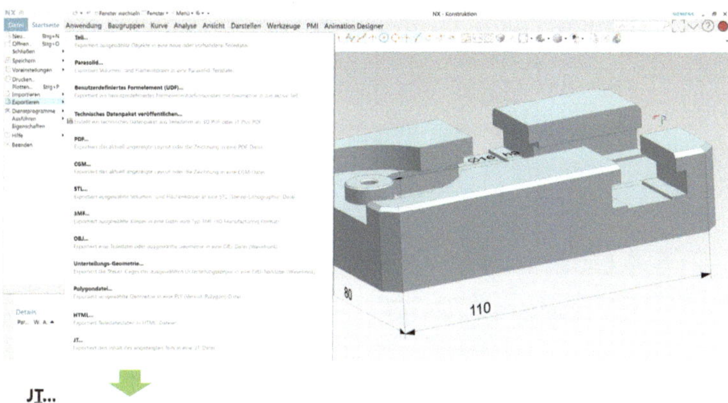

JT...

Exportiert den Inhalt des angezeigten Teils in eine JT-Datei.

Bild 6.2: Exportfunktion für JT-Dateien aus NX

Nach dem Auswählen eines JT-Exports öffnet sich ein Dialog-fenster.

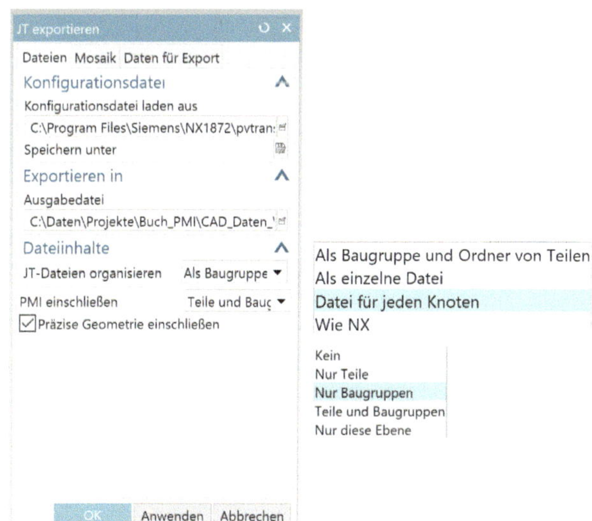

Bild 6.3: Dialogfenster JT-Export

Wichtig ist hier das Selektieren eines Speicherortes unter „Exportieren in".

Auch die „Dateiinhalte" können weiter definiert werden. Dadurch wird der zu speichernde Umfang variiert.

Falls das Modell aus mehreren Teilen besteht, kann auch hier der Export weiter eingeschränkt werden.

6.4 Übersicht Grundfunktionen des Freeware Viewers JT2GO

JT2Go ist der Branchenführer für das Betrachten von 3D-JT-Daten auf mobilen und Desktop-Geräten. Siemens PLM stellt JT2Go kostenlos zur Verfügung. JT-Daten können aus fast allen wichtigen CAD/CAM/CAE-Tools, die heute in der Industrie verfügbar sind, generiert werden. Mit leichtgewichtigen JT-Modellen können detaillierte Beschreibungen von 3D-Inhalten im gesamten Unternehmen verwendet werden.

JT-Dateien können geometrische Definitionen einzelner 3D-Modelle und -Baugruppen sowie Dimensionen, Modelleigenschaften und Anordnungen von „Product Manufacturing Information" (PMI) enthalten, die als Modellansichten bekannt sind. Mit JT2Go können Benutzer in Produktstrukturbäumen navigieren, vordefinierte Modellansichten anzeigen und Modelleigenschaften abfragen.

6.4.1 JT-Datei öffnen

Das Öffnen einer JT-Datei entspricht dem gemeinhin bekannten
Prozedere. Über den Button „Öffnen" wird ein Fenster geöffnet, in
dem die vorhandenen Datenträ-
ger nach der gewünschten JT-

Datei durchsucht werden können. Die Datei wird danach ausgewählt und dann geöffnet.

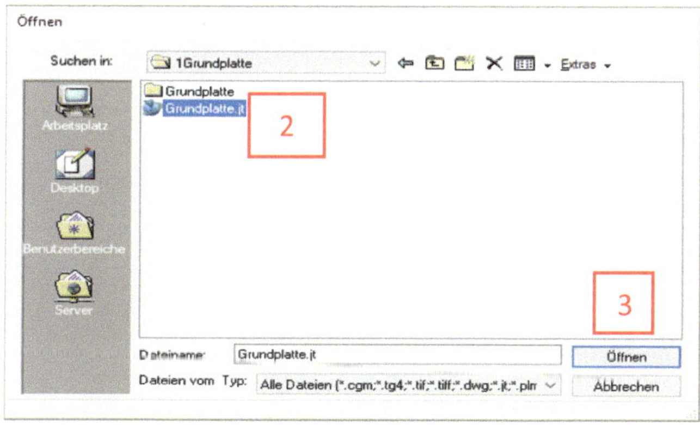

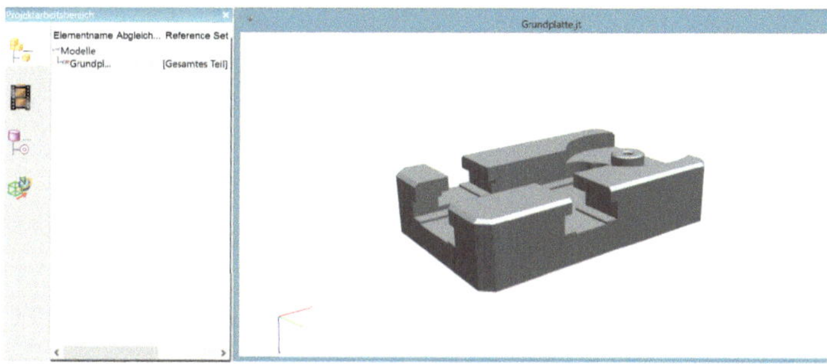

Bild 6.4: JT-Dateien öffnen und anzeigen

6.4.2 Fertigung: PMI

DiePMI (Product Manufacturing Information) sind Produktinformationen (Maße, Toleranzen, …), die zur Fertigung von Teilen benötigt werden.

Die Darstellung der PMI wird später behandelt. Hier sollen kurz die PMI-Voreinstellungen aufgezeigt werden.

Standards nach Typ:

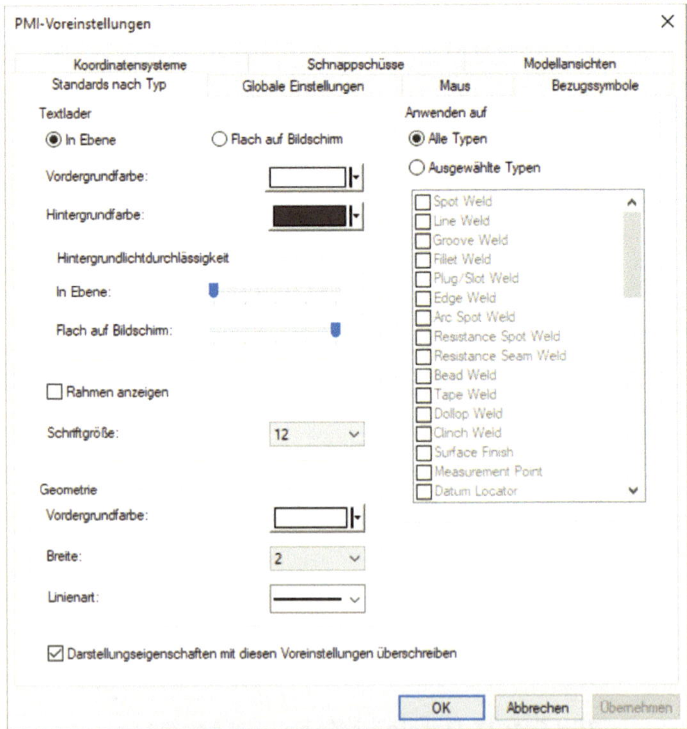

Bild 6.5: JT-Viewer Standards nach Typ Einstellungen

Unter dem Reiter Standards nach Typ können die Einstellungen der Bemaßungstexte und der Geometrie verändert werden. Zusätzlich kann man bestimmen, auf welche PMI die Einstellungen angewendet werden sollen.

Globale Einstellungen:

Unter der Registerkarte „Globale Einstellungen" lassen sich neben der Auswahl der Farbeinstellungen für Bauteile und Kanten auch Einstellungen für die Sichtbarkeit der PMI-Bemaßung im Modellbaum und den einzelnen Ansichten darstellen.

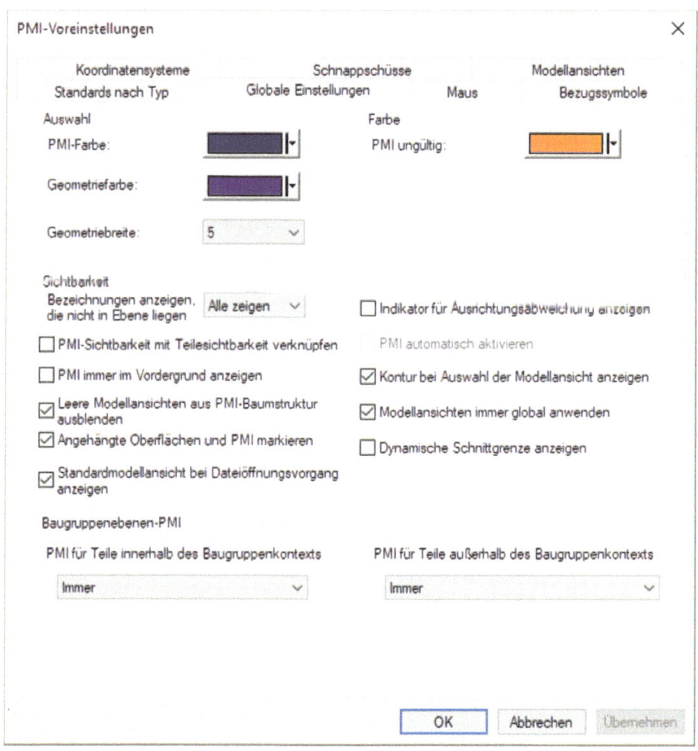

Bild 6.6: JT-Viewer Globale Einstellungen Anzeige

Bezugssymbole:

Unter der Registerkarte „Bezugssymbole" lassen sich durch die Auswahl der Farbeinstellungen eine Zuordnung für die einzelnen Bezugssymbole zuordnen.

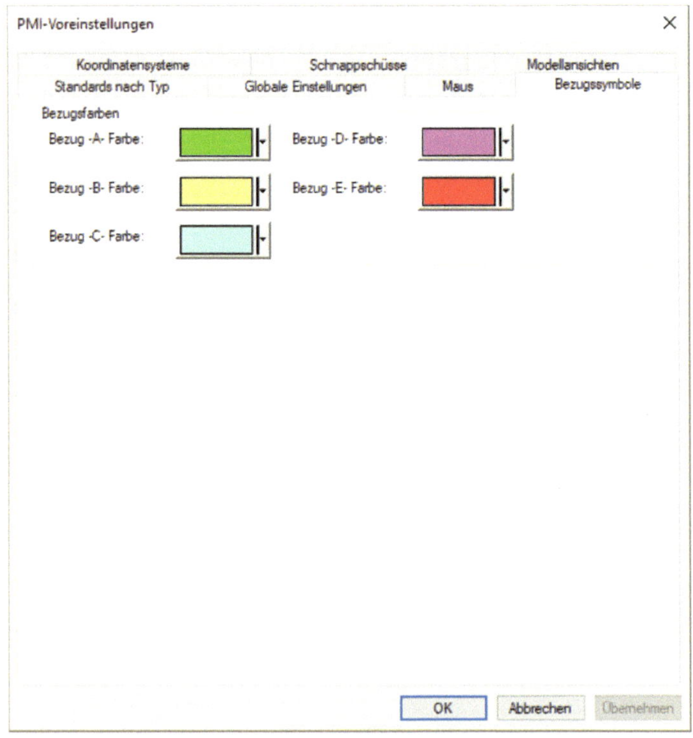

Bild 6.7: JT-Viewer Voreinstellungen Bezugssymbole

Schnappschüsse:

Mit der Registerkarte „Schnappschüsse" lassen sich die Auswahl der gespeicherten PMI sowie die sichtbaren PMI für Bauteilen auswählen. Außerdem lässt sich ein Text für die fehlenden PMI festlegen.

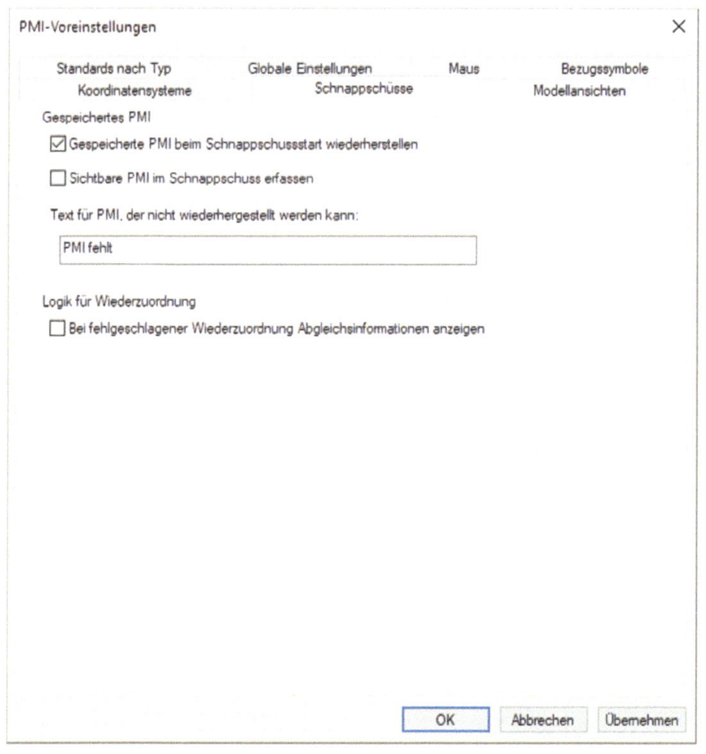

Bild 6.8: JT-Viewer Voreinstellungen Schnappschüsse

Modellansichten:

Unter der Registerkarte „Modellansichten" lassen sich die Auswahl der Galerieeinstellungen für die Suche und die Voransichten einstellen. Darüber hinaus ist ebenfalls die Farbeinstellung für HD-Bilder mit dem entsprechenden Speicherplatzbedarf einstellbar.

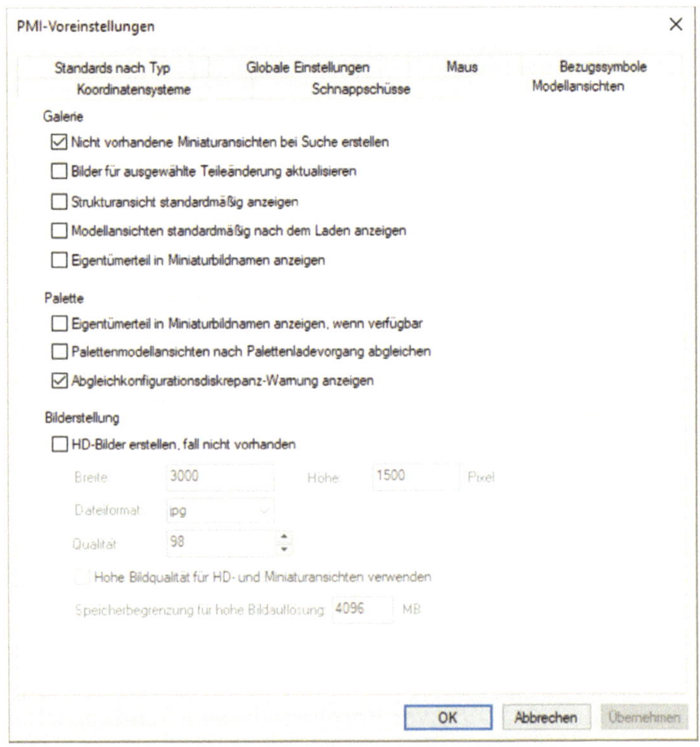

Bild 6.9: JT-Viewer Voreinstellungen Modellansichten

Anzeige der PMI Bemaßungen:

Um die PMI einzublenden, sind folgende Schritte auszuführen:

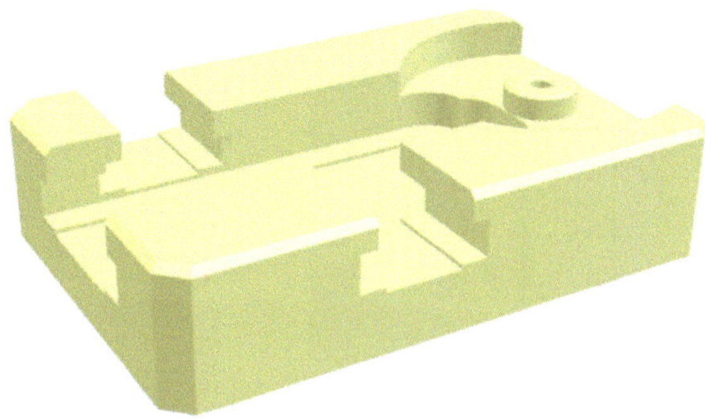

Bild 6.10: PMI Im Viewer JT2GO aktivieren

Zunächst einmal wird das Modell mit der LMT markiert, welches daraufhin in „gelb" dargestellt wird. Dann wird mit der RMT auf das Modell geklickt und „In PMI Baumstruktur umschalten" ausgewählt.

Diese Auswahl bewirkt die Anzeige der „PMIs" und der „Modellansichten" im „Projektarbeitsbereich".

Hier können nun alle importierten PMI untersucht und die relevanten PMI durch „Häkchen setzen" ausgewählt werden. Alternativ können auch die „Modellansichten", in de-

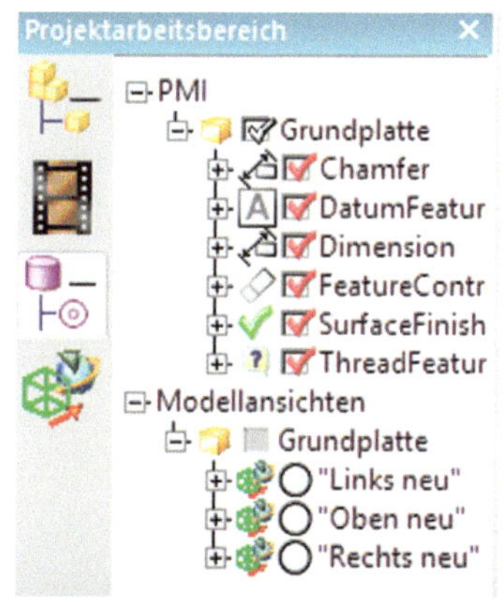

nen die PMI kreiert wurden, eingeblendet werden.

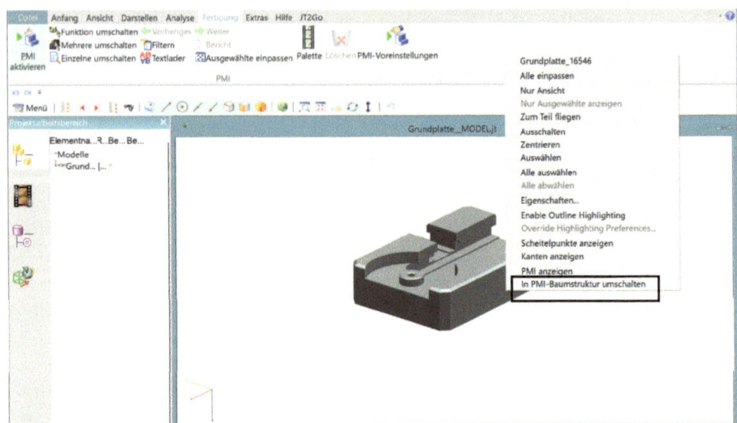

Bild 6.11: Ausschnitt Projektarbeitsbereich Viewer JT2GO

Die PMI werden von JT2Go in Kategorien (Chamfer = Fasen; DatumFeatureSymbol = Bezugselementsymbol; Dimenson = Bemaßung; FeatureControlFrame = Toleranzrahmen; SurfaceFinish = Oberflächenangaben) eingeteilt und abgebildet. Dabei werden hier aktuell noch die englischen Begriffe verwendet.

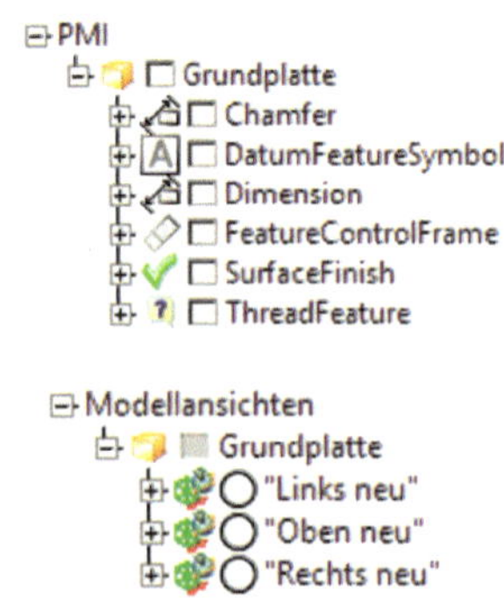

Im folgenden

Bild 6.12 ist der Befehl „Alle PMI des Modells" Grundplatte einblenden dargestellt:

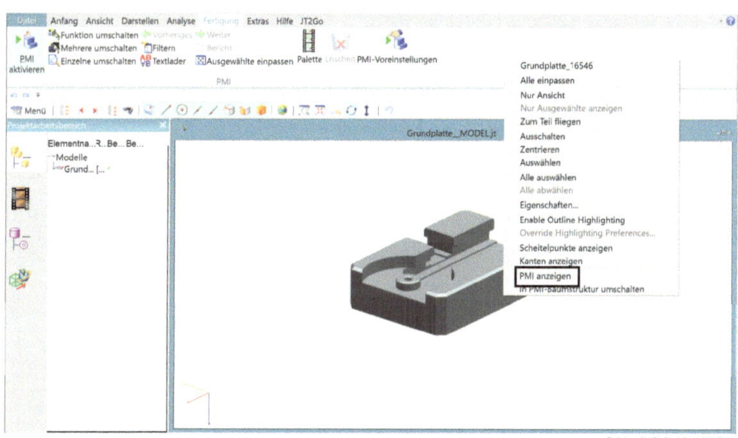

Bild 6.12: Menü PMI Anzeigen

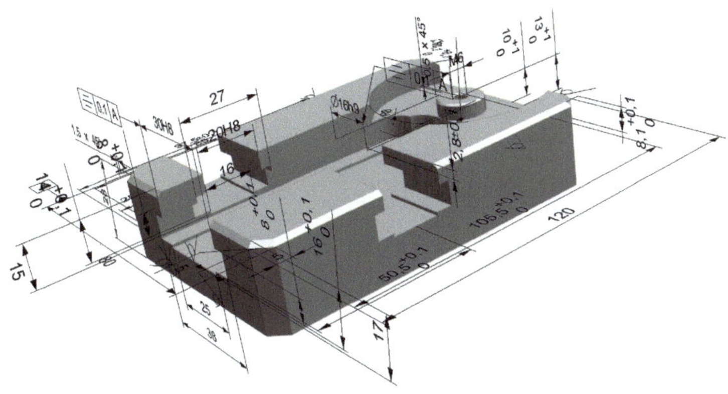

Bild 6.13: Vollständig PMI-bemaßte Grundplatte

Das Darstellungsprogramm „JT2Go" besitzt auch einige eigene Funktionen. Das Nutzen der „Messung"-, der „Schnitt"- ,und der „PMI"-Funktion sollen in den beiden nachfolgenden Abschnitten veranschaulicht werden.

Analysefunktion Messen

Die Analysefunktion „3D-Messung" bietet eine einfache Möglichkeit, Maße aus einem gegebenen JT-Datenmodell zu messen und erlaubt somit den Einsatz des Viewers für einfache Kontroll- und Analysetätigkeiten auf Tablet und Handheld-Geräten.

Bild 6.14: Analysefunktion Messen

Um eine Messung am Modell durchzuführen, muss zunächst die „3D-Messung aktiviert" werden.

Dabei kann innerhalb der Messung eine weitere Präzisierung erfolgen, indem ein definierter Messmodus ausgewählt wird:

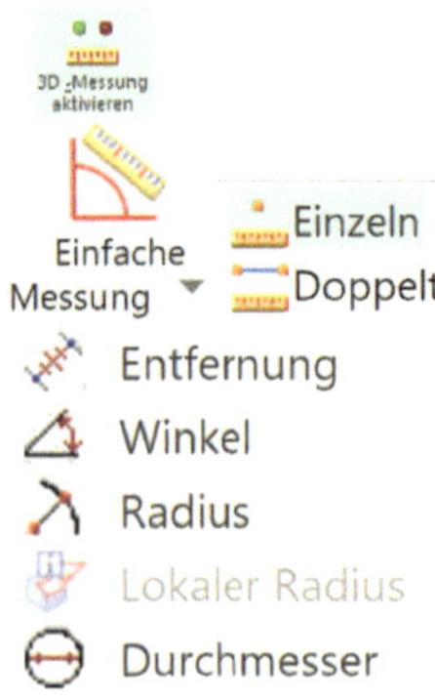

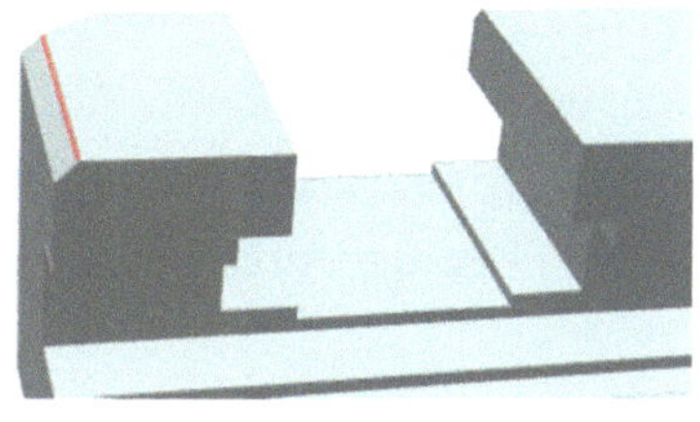

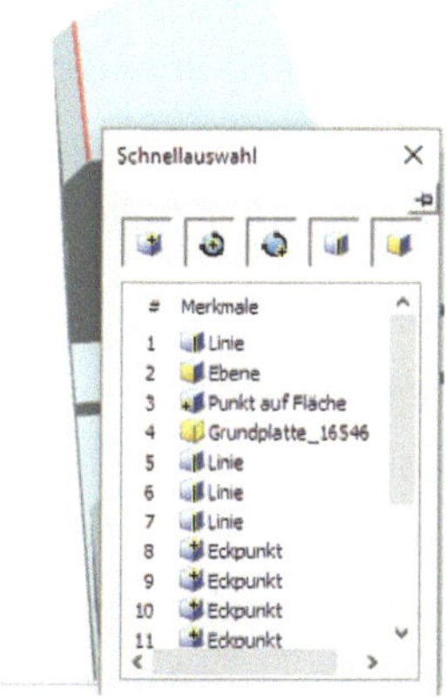

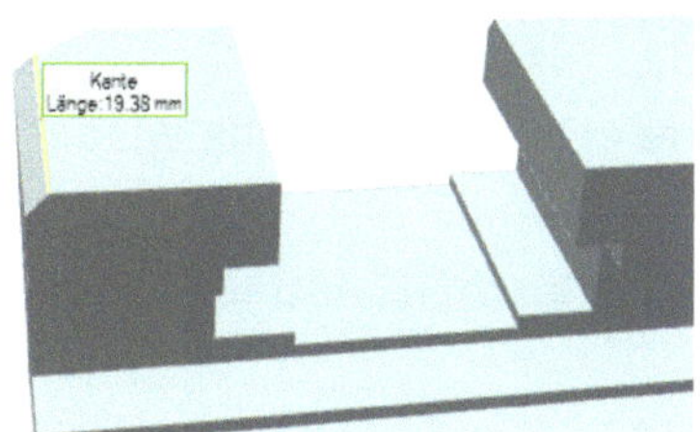

Bild 6.15: Ergebnis einzelne Messung

Im „Einzeln"-Modus kann ein Punkt, eine Linie oder eine Fläche ausgewählt werden. Das ausgewählte Element wird bei
Kontakt mit dem Mauszeiger zunächst in „rot" dargestellt.
Wenn der Zeiger ein paar Sekunden an einer Stelle gehalten
wird, erscheinen drei Punkte hinter dem Mauszeiger. Diese

deuten an, dass durch einen Klick mit der LMT die Schnellauswahlbox geöffnet wird, in der dann das gewünschte Element ausgesucht werden kann. Als Messung werden dann alle verfügbare Maße angegeben, die eine Entfernung, ein Winkel oder ein Radius/Durchmesser sein können.

Im „Doppelt"-Modus  werden statt eines Elements nun zwei Elemente nacheinander ausgewählt. Das Verhältnis zwischen diesen wird als Messung ausgegeben. Dies kann eine Distanz oder auch ein Winkel sein.

Es kann auch direkt eine „Entfernung", ein „Winkel", „Radius"/„Lokaler Radius" und „Durchmesser" mit der Zielmessung erreicht werden. In diesem Fall wird als Maß ausschließlich das entsprechende Modusmaß mit etwaigen Zusatzinformationen, wie z. B. der Bogenlänge und Weiteres beim Winkel, erzeugt.

Um eine erzeugte Messung wieder zu entfernen, können die Schritte entweder über „Rückgängig machen" oder alle Maße unter „Alle löschen" entfernt werden.

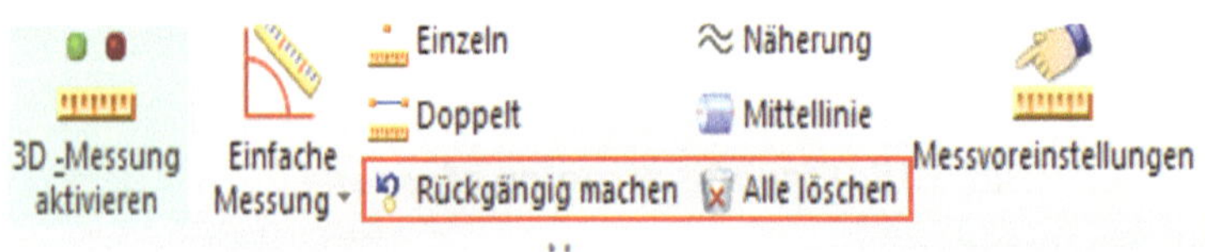

Analysefunktion Schnitte 

Um das Modell in einer Schnittansicht darzustellen, muss diese Funktion zunächst durch Anklicken aktiviert werden.

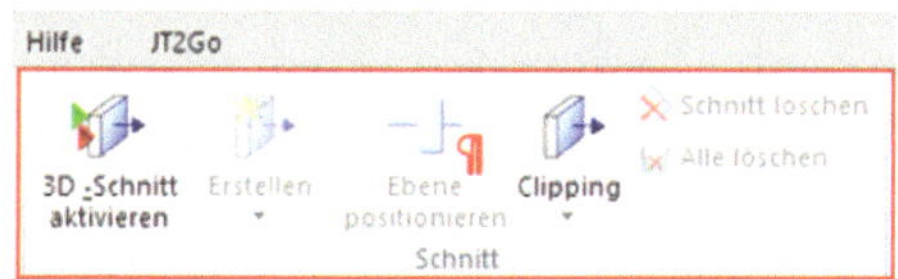

Um eine Schnittebene zu erstellen, muss das Feld „Erstellen" ausgewählt werden. Hier kann auch schon in der Vorauswahl eine Koordinatenebene ausgewählt werden.

Nun muss die Schnittebene positioniert werden. Das Dialogfenster „Ebene positionieren" öffnet sich dazu direkt nach der Auswahl der Schnittebene.

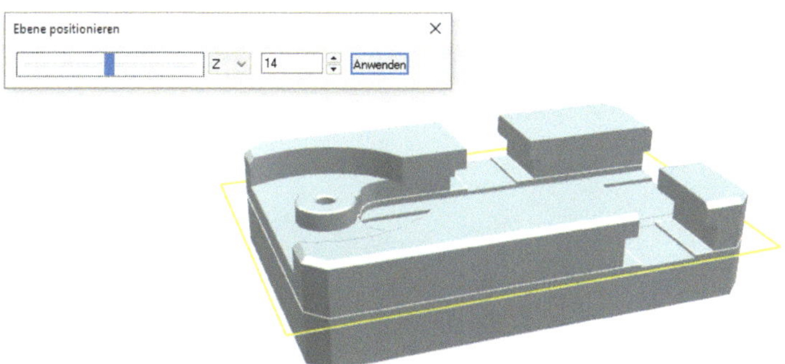

Bild 6.16: Ebene Schnittfläche positionieren

Hier kann gegebenenfalls die Schnittebene verändert werden. Ansonsten muss in diesem Dialogfenster die Position der Ebene festgelegt werden.

Das kann durch eine Bewegung des Schiebereglers oder durch die Eingabe eines Zahlenwertes erfolgen. Die zu erzeugende Schnittebene wird direkt in dem Modell abgebildet. Damit ist das Ermitteln der optimalen Schnittebene vereinfacht. Um den Schnitt durchzuführen, muss nun im Feld „Clipping" die Schnittart festgelegt werden.

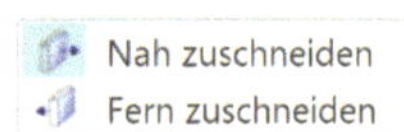

Mit der Auswahl der Schnittart wird auch gleichzeitig der Schnitt selbst durchgeführt. Beim „Nah zuschneiden" wird der Teil des Modells durch den Schnitt entfernt, der dem Betrachter am Nächsten ist, beim „Fern zuschneiden" dementsprechend der fernere Teil des Modells. Die Auswahl der Schnittart kann durch erneutes Auswählen rückgängig gemacht oder durch Selektieren der anderen Schnittart verändert werden.

Durch einfaches Auswählen einer Schnittebene kann diese wieder beliebig in Position und Schnittart verändert werden. Der ausgewählte Schnitt

kann, alternativ zu einer kompletten Schnittlöschung, auch als einzelner gelöscht werden. Zum Abschluss wird durch ein erneutes Klicken des Buttons „3D-Schnitt aktivieren" der Schnittvorgang beendet.

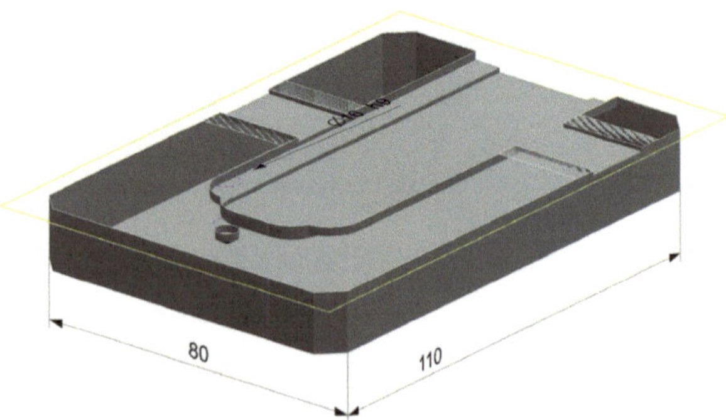

Bild 6.17: Befehl 3-D Schnitt positionieren und beenden